Casas Importadoras de Santos e seus Agentes

CB015085

Carina Marcondes Ferreira Pedro

Casas Importadoras de Santos e seus Agentes

Comércio e Cultura Material (1870-1900)

Copyright © 2015 by Carina Marcondes Ferreira Pedro

Direitos reservados e protegidos pela Lei 9.610 de 19.02.1998.
É proibida a reprodução total ou parcial sem autorização, por escrito, da editora.

Dados Internacionais de Catalogação na Publicação (CIP)
(Câmara Brasileira do Livro, SP, Brasil)

Pedro, Carina Marcondes Ferreira
Casas Importadoras de Santos e seus Agentes: Comércio e Cultura Material (1870-1900) / Carina Marcondes Ferreira Pedro. – Cotia, SP: Ateliê Editorial, 2015.

ISBN 978-85-7480-710-2
Bibliografia

1. Comércio internacional 2. Cultura material – Aspectos sociais – Santos (SP) – História 3. Desenvolvimento econômico – Brasil 4. Economia – Brasil – História – Século 19 5. Implementos, utensílios, etc. – Santos (SP) 6. São Paulo (Estado) – Civilização I. Título.

15-05862 CDD-306.46098161

Índices para catálogo sistemático:
1. Cultura material: Aspectos sociais: Santos: São Paulo: História 306.46098161

Direitos reservados à

ATELIÊ EDITORIAL
Estrada da Aldeia de Carapicuíba, 897
06709-300 – Granja Viana – Cotia – SP
Telefax: (11) 4612-9666
www.atelie.com.br
contato@atelie.com.br

Printed in Brazil 2015
Foi feito o depósito legal

À memória de minha tia Zezé,
que me estimulou a leitura
e me apoiou nos estudos.

Aos meus pais, Luiz Carlos e Nely,
que compartilharam meus anseios e aflições
e sempre me motivaram a realizar este trabalho.

O que prefigura o modo de conhecimento das ciências históricas é, em particular, o sofrimento e a lição que resulta da dolorosa experiência da realidade para aquele que amadurece rumo à compreensão...

Hans-Georg Gadamer

Sumário

Prefácio

A obra de Carina Marcondes Ferreira Pedro originou-se de uma preocupação em melhor compreender os fluxos de importação de bens de consumo – de objetos domésticos a materiais de construção, de "chita até locomotiva" – que caracterizaram o processo de internacionalização das últimas décadas do século XIX. A opção de pesquisa foi "colocar-se" bem junto à sua entrada na Província, depois Estado de São Paulo, no Porto de Santos. As casas importadoras, que se instalavam estrategicamente nas imediações do Porto, constituíram o "posto de observação" da autora. A ação de seus agentes importadores, o fio condutor que a levou pelos caminhos percorridos.

Ao buscar compreender a dinâmica das *Casas Importadoras de Santos e seus Agentes* no estabelecimento e na gestão de seus negócios, a obra de Carina Pedro nos traz, assim, uma originalidade de perspectiva: o Porto visto "de dentro", associado ao centro comercial, em ações muitas vezes miúdas, cotidianas, aparentemente até desimportantes, que, em seu conjunto, porém, e examinadas de modo sistemático ao longo de três décadas, fazem-nos como que mergulhar no ativíssimo espaço de realização do comércio importador, suas iniciativas e dificuldades, que se expandem para a transformação da própria Cidade, antecipando-se ao poder público ou interagindo com ele. O contexto é aquele imediatamente anterior à grande reforma do Porto e os seus inícios, pela Companhia Docas de Santos, contratada pelo governo imperial, em 1888, para modernizá-lo.

Nessa dinâmica, os importadores constroem pontes para facilitar a conexão com as embarcações e consequentemente o embarque e desembarque de mercadorias – saída de café, sobretudo, e entrada de bens de consumo diversos. Às pontes juntavam-se os armazéns de depósito nos quais se descarregavam as mercadorias. De lá estas seguiam para seus destinos – a maior parte para ser transportada por trem para a capital paulista mas uma parte para os estabelecimentos santistas, para ser colocada à venda ao consumidor local. O endereço central das casas importadoras eram seus escritórios. Não mantinham lojas próprias para comércio de varejo.

Para guiar-se por esses meandros e trajetos, Carina Pedro fez uma extensa e minuciosa pesquisa documental nas Atas da Câmara Municipal de Santos, em diferentes jornais santistas do período, nos almanaques administrativos e comerciais da Cidade, assim como da Província/Estado, em obras de propaganda, manuais de comércio e outros, além de crônicas e memórias sempre tão ricas em informações e apreciações. Para a articulação de uma massa realmente importante de informações obtidas, partiu de uma plataforma já construída por outros pesquisadores, que de há muito investigam a história de Santos, para construir uma visão do contexto estudado, que vai nos interessando e instigando ao longo da leitura, permeada, ainda, pelo sabor de alguns vocábulos próprios ao ambiente portuário de então como *pontão* e *trapiche*.

O próprio termo *agente*, explica-nos a autora, referia-se, na linguagem comercial, àquele que "estava encarregado da administração de um estabelecimento cuja metrópole era em outro ponto". Os agentes importadores foram rastreados e situados pela autora como indivíduos que faziam a articulação de imensas redes de comércio internacional, assumindo para tanto diversas funções, inclusive, quando estrangeiros, em não poucos casos, de representantes de seus consulados em Santos.

A obra que a Ateliê Editorial nos apresenta, com apoio da Fapesp e do Museu do Café, é, portanto, uma rica contribuição para pesquisadores como também uma leitura cativante para todos os que se interessam por comércio, cidades e relações internacionais no universo do século XIX.

Heloisa Barbuy
Universidade de São Paulo

Introdução

A história do consumo no Brasil tem sido pouco abordada em seus aspectos culturais. A própria formação de um modo de vida burguês relacionado ao intenso consumo de produtos industrializados estrangeiros que foram introduzidos no país no século XIX e início do XX tem sido problemática tratada por poucos autores. No caso da região paulista, a lacuna se torna ainda mais pronunciada em vista da própria importância que ela adquire nos processos de comércio internacional nesse período. Para o desenvolvimento do estudo nesse campo, tomando como atores sociais centrais os agentes importadores e suas firmas comerciais instalados nas principais ruas de comércio adjacentes ao Porto de Santos na segunda metade do século XIX, este trabalho pretende contribuir para uma melhor compreensão dos mecanismos e engrenagens em movimento que, no âmbito do comércio de importação, realizaram e catalisaram, localmente, o processo de internacionalização havido naquele período, entendendo que a ampla gama de bens materiais introduzidos por aquele sistema foi vetor essencial das transformações ocorridas no plano de uma cultura material.

Quanto aos recortes cronológico e espacial, as três últimas décadas do século XIX são um momento de sensível mudança na Província/Estado de São Paulo[1] e tem na cidade de Santos um *locus* privilegiado desse processo por possuir um porto em expansão, com importância crescente

1. A Constituição de 1891, em seu segundo artigo, determinou que cada uma das antigas Províncias formasse um novo Estado. Dessa forma, a Província de São Paulo foi rebatizada para Estado de São Paulo. Artigo 2° da Constituição de 1891, "Cada uma das antigas Províncias formará um Estado e o antigo Município Neutro constituirá o Distrito Federal, continuando a ser a Capital da União". Disponível em: <http://www.planalto.gov.br/ccivil_03/constituicao/constituicao91.htm>. Acesso em: 8 de jul. 2015.

naquele momento, em que a navegação comercial era o principal meio de transporte de mercadorias. A partir de 1870, a cidade passou por uma aceleração quantitativa de seu crescimento, sofreu transformações na infraestrutura urbana, como a instalação do transporte público feito por bondes e da estação ferroviária São Paulo Railway, teve o equipamento portuário incrementado e a instalação de firmas de importação nessa área central da cidade. Pode-se dizer que a presença cada vez mais numerosa dos negociantes e casas importadoras em Santos e o porte cada vez mais vultoso de seus negócios são parte do próprio processo de crescimento e transformação do porto, como ponto central no circuito de distribuição dos produtos estrangeiros.

No decorrer dos anos investigados, as firmas de importação cresceram em número e suas atividades se tornaram mais complexas. Com filiais ou matrizes em São Paulo, elas distribuíam mercadorias para diversas cidades e em muitos casos seus donos eram importadores estrangeiros envolvidos em outras atividades, como a exportação de café. Desse modo, as principais casas importadoras eram responsáveis pela circulação de diversos produtos na cidade portuária, assim como intermediavam a distribuição em outras praças comerciais, como São Paulo. Os artigos importados podiam ser de diferentes tipos e origens, já que essas casas comerciais tinham facilidade em manter contato com fabricantes no exterior e se utilizar de linhas de navegação com escalas em diferentes países. Dessa forma, os novos produtos eram introduzidos no cotidiano e passavam a participar das ações, hábitos e referências culturais das sociedades locais.

Já no início do século xx, uma série de mudanças deu novas características a esse cenário. A cidade de Santos passou por uma ampla reforma no sistema de esgotos, com a execução do projeto de Saturnino de Brito, aprovado em 1905. Por esse motivo, a ocupação da área saneada se tornou mais rápida, promovendo a expansão da cidade em direção à praia e a transformação da região central em área essencialmente comercial. Também neste período, as firmas nacionais vão surgindo em meio às atividades ligadas ao comércio exterior, modificando a formação anterior composta predominantemente por negociantes de origem estrangeira.

Na construção das trajetórias de algumas firmas importadoras que se examinou, houve, inclusive, referências à transformação das mesmas em sociedades anônimas.

Os principais trabalhos acadêmicos que deram embasamento para o desenvolvimento da pesquisa foram os estudos feitos nos campos da história da cultura material, história econômica, história da imigração e história urbana de Santos, realizados por pesquisadores estrangeiros e nacionais. No campo da história da cultura material foi dado destaque àquelas obras que abordaram também a história cultural do consumo, como os estudos de Daniel Roche, na obra *História das Coisas Banais*, na qual o autor explicou que esta linha de investigação preocupa-se, entre outros temas, com a análise dos circuitos de distribuição e a organização espacial da oferta, sendo que o negociante é um dos principais atores da aceleração do consumo. Foram também pertinentes as considerações feitas por Roche sobre a cidade no que diz respeito à relação entre os novos hábitos materiais e o desenvolvimento de uma cultura urbana[2].

Dentro dessa perspectiva, foram utilizados trabalhos norte-americanos sobre a história do consumo, entre eles, o de Thomas J. Schlereth, *Victorian America,* cujas investigações abordaram o contexto de mudanças que atingiram desde as sociedades mais tradicionais que habitavam as zonas rurais dos Estados Unidos até as de cidades maiores, onde o comércio atingiu um elevado nível de crescimento, dando origem a lojas monumentais, chamadas por Schlereth de "mecas do consumismo"[3]. Também foram úteis as pesquisas feitas por Arnold J. Bauer, publicadas no livro *Goods, Power and History,* no qual, entre outros temas, foram discutidas as principais questões que envolviam o consumo nas cidades latino-americanas, exportadoras de matérias-primas[4]. No Brasil, a obra

2. Daniel Roche, *História das Coisas Banais: Nascimento do Consumo nas Sociedades do Século XVII ao XIX*, Rio de Janeiro, Rocco, 2000, especialmente caps. 1, 2 e 6.
3. Thomas J. Schlereth, *Victorian America: Transformations in Everyday Life, 1876-1915*, Longman, 1992 (1. ed. 1991), cap. 4.
4. Arnold J. Bauer, *Goods, Power and History: Latin America's Material Culture*, Cambridge, Cambridge University Press, 2001, cap. 5.

de Heloisa Barbuy, *A Cidade-Exposição,* apresentou um estudo sobre um microterritório constituído por três ruas do Triângulo Paulistano, localizado na região central da cidade de São Paulo, a partir do qual se refletiu sobre a formação de uma metrópole, que buscava seguir tendências estrangeiras, matrizes e padrões para cidades-capitais, ao mesmo tempo em que resistia e reciclava as influências do macrossistema pelas suas tradições e pelas mentalidades locais[5].

Ainda no campo da história da cultura material, outros autores ajudaram a fundamentar a discussão sobre o consumo de determinados artigos no decorrer do período investigado. Foi o caso do livro de Gilles Lipovetsky, *O Império do Efêmero,* que teve como objeto de análise o vestuário, entendido como o bem de consumo que representava o fenômeno da moda. Lipovetsky abordou suas principais características em diferentes períodos da história europeia, contudo, deu-se vulto à sua análise sobre o período que vai da metade do século XIX até a década de 60 do século XX, fase em que, ditada pela alta costura, a moda se fez feminina[6]. Entre os estudos brasileiros, foi de grande importância o texto de Tânia Andrade Lima, autora de referência no campo em que se desenvolve este trabalho, que discutiu a introdução de certas ideias e valores que serviram como facilitadores na aceitação e adoção dos bens de consumo industrializados no Brasil[7]. Como também, a obra de Vânia Carneiro de Carvalho, *Gênero e Artefato*, que abordou os mais diversos objetos, sua publicidade e o modo pelos quais eles passaram a fazer parte do universo doméstico de homens e mulheres da elite paulista[8].

5. Heloisa Barbuy, *A Cidade-Exposição: Comércio e Cosmopolitismo em São Paulo, 1860-1914*, São Paulo, Edusp, 2006.
6. Gilles Lipovestky, *O Império do Efêmero: A Moda e Seu Destino nas Sociedades Modernas*, São Paulo, Companhia das Letras, 1989, cap. 2.
7. Tânia Andrade Lima, "Cultura Material, Hibridação e Dominação Planetária: A Globalização nos Museus Históricos", em *Como Organizar um Mundo Multipolarizado? Anais do 7º Colóquio da Associação Internacional de Museus de História*, Paris/ São Paulo, Association Internationale des Musées d'Histoire/Museu Paulista da Universidade de São Paulo, 2007, pp. 18-26.
8. Vânia Carneiro de Carvalho, *Gênero e Artefato: O Sistema Doméstico na Perspectiva da Cultura Material (São Paulo, 1870-1920)*, São Paulo, Edusp/Fapesp, 2008.

Para o estudo do contexto socioeconômico que envolvia o comércio internacional e nacional, no período em que se deu a instalação dos importadores na cidade de Santos, foram referenciais obras conhecidas na história econômica, como *Era dos Impérios,* de Eric Hobsbawn, na qual são discutidos os principais elementos da economia capitalista dos países industrializados europeus[9]. Em relação ao contexto brasileiro, em especial, sobre o desenvolvimento econômico de São Paulo, foi fundamental o trabalho de Paul Singer, *Desenvolvimento Econômico e Evolução Urbana*, em que foram abordados os principais efeitos causados pela economia do café nas cidades envolvidas por seu comércio[10]. De maneira mais específica, sobre a atuação das casas importadoras e seus agentes, a obra de Warren Dean, *A Industrialização de São Paulo,* foi uma importante referência, visto que trouxe à discussão o papel dos importadores na vida econômica e social de São Paulo, entre eles, os diversos ramos de negócios a que se dedicaram[11]. De Marisa Midori Deaecto, *Comércio e Vida Urbana na Cidade de São Paulo,* trouxe novas interpretações sobre a atuação das casas estrangeiras no comércio paulistano[12].

Com a expansão do comércio marítimo brasileiro, envolvendo diversos países, e a instalação em Santos de casas importadoras de origens francesa, alemã, inglesa e portuguesa, o estudo de diferentes trabalhos que versaram sobre a imigração também se fez necessário. A fim de compreender as rotas de navegação mercante, assim como aspectos mais específicos do comércio França-Brasil, mesmo tratando de um período anterior ao dessa pesquisa, a dissertação de Eneida Cherino Malerbi, *Relações Comerciais Entre Brasil e França,* foi esclarecedora a respeito de como os negociantes franceses atuavam no comércio com os portos brasileiros, em especial com o porto da cidade do Rio de Janei-

9. Eric Hobsbawn, *A Era dos Impérios, 1875-1914*, Rio de Janeiro, Paz e Terra, 1998.

10. Paul Singer, *Desenvolvimento Econômico e Evolução Urbana*, São Paulo, Nacional/Edusp, 1968, cap. 2.

11. Warren Dean, *A Industrialização de São Paulo (1880-1945)*, 4. ed., São Paulo, Difel, 1991.

12. Marisa Midori Deaecto, *Comércio e Vida Urbana na Cidade de São Paulo (1889-1930)*, São Paulo, Senac São Paulo, 2002. Este livro, fruto da dissertação de mestrado da autora, está vinculado à escola de seu orientador Edgar Carone, cujos estudos sobre São Paulo são bastante conhecidos.

ro[13]. Ao tratar da imigração francesa em São Paulo, a tese de doutorado de Vanessa dos Santos Bodstein Bivar, *Vivre à St. Paul*, trouxe explicações relevantes sobre a atuação dos consulados franceses no comércio praticado na região[14]. Entre os estudos sobre os alemães, dois trabalhos se sobressaíram, a tese de doutorado de Maria Luiza de Paiva Melo Moraes, *Atuação da Firma Theodor Wille & Cia no Mercado Cafeeiro do Brasil,* na qual foram discutidas as diversas fases da firma hamburguesa Theodor Wille & C., de notória importância no período[15] e de Silvia Cristina Lambert Siriani, *Uma São Paulo Alemã,* que trouxe dados valiosos para a construção das trajetórias de outras firmas dessa mesma origem[16]. Uma importante referência para compreender a atuação dos ingleses no Brasil foi a obra de Richard Graham, *Grã-Bretanha e o Início da Modernização no Brasil,* na qual Graham discutiu as atividades ligadas ao comércio de importação e exportação, como a trajetória comercial das companhias de navegação inglesas, das casas importadoras e exportadoras instaladas nas cidades brasileiras e os principais artigos comercializados por elas[17]. Por fim, o único trabalho que tratou de uma colônia situada em Santos, a portuguesa, foi a dissertação de Maria Suzel Gil Frutoso, *A Imigração Portuguesa e Sua Influência no Brasil*, que

13. Eneida Maria Cherino Malerbi, *Relações Comerciais Entre Brasil e França, 1815-1849*, São Paulo, Departamento de História da Faculdade de Filosofia, Letras e Ciências Humanas da Universidade de São Paulo, 1993 (dissertação de mestrado).
14. Vanessa dos Santos Bondstein Bivar, *Vivre à St. Paul. Os Imigrantes Franceses na São Paulo Oitocentista*, São Paulo, Departamento de História da Faculdade de Filosofia, Letras e Ciências Humanas da Universidade de São Paulo, 2007 (tese de doutorado).
15. Maria Luiza de Paiva Moraes, *A Atuação da Firma Theodor Wille & Cia. no Mercado Cafeeiro do Brasil, 1844-1918*, São Paulo, Departamento de História da Faculdade de Filosofia, Letras e Ciências Humanas da Universidade de São Paulo, 1988 (tese de doutorado).
16. Siriani fez uma lista nominativa que, além dos nomes, trouxe as profissões e datas das entradas no Brasil de imigrantes alemães, residentes em São Paulo, Santo Amaro e Itapecirica, nos anos de 1827 a 1889, o que contribuiu para identificar alguns importadores dessa origem (Silvia Cristina Lambert Siriani, *Uma São Paulo Alemã: Vida Cotidiana dos Imigrantes Germânicos na Região da Capital (1827-1889)*, São Paulo, Arquivo do Estado/Imprensa Oficial do Estado, 2003).
17. Richard Graham, *Grã-Bretanha e o Início da Modernização no Brasil, 1850-1914*, São Paulo, Brasiliense, 1973.

ajudou no sentido de apontar as principais características do comércio desenvolvido pelos portugueses na cidade[18].

Estudos sobre a história da cidade de Santos também foram importantes neste trabalho. Entre eles está a dissertação de Maria Aparecida Franco Pereira, intitulada *O Comissário de Café no Porto de Santos*, de tendência micro-histórica, na qual foi investigada a atuação dos comissários paulistas, cujas casas comerciais encontravam-se, em sua maioria, na cidade de Santos[19]. Quanto aos trabalhos de história urbana de Santos destacaram-se a tese de doutorado de Wilma Theresinha F. de Andrade, *O Discurso do Progresso*, em que se discutiu a passagem da cidade colonial antiga para cidade republicana, em uma transformação orientada pelos ideais de progresso e civilização, em voga no período[20], e de Ana Lucia Duarte Lanna, *Uma Cidade na Transição,* em que a autora discutiu a própria formação da cidade e da sua vida urbana como parte de um processo geral que se deu em quase todas as cidades brasileiras, processo este de negação de um passado colonial. Na caracterização da cidade em transição, Lanna relatou, entre outras mudanças, a concorrência crescente entre a elite local e os capitais paulistas e estrangeiros nas atividades ligadas ao comércio exterior, incluindo-se aí a própria construção do seu porto[21].

Outros trabalhos não acadêmicos, mas também ricos em referências sobre a história de Santos foram aproveitados na pesquisa. Um dos trabalhos mais antigos foi o de Francisco Martins dos Santos, *História de Santos,* que trouxe dados factuais sobre a fundação e a criação

18. Maria Suzel Gil Frutoso, *A Imigração Portuguesa e sua Influência no Brasil: O Caso de Santos (1850-1950)*, São Paulo, Departamento de História da Faculdade de Filosofia, Letras e Ciências Humanas da Universidade de São Paulo, 1989 (dissertação de mestrado).
19. Maria Aparecida Franco Pereira, *O Comissário de Café no Porto de Santos (1870-1920)*, São Paulo, Departamento de História da Faculdade de Filosofia Letras e Ciências Humanas da Universidade de São Paulo, 1980 (dissertação de mestrado).
20. Wilma Theresinha F. de Andrade, *O Discurso do Progresso: A Evolução Urbana de Santos (1870--1930)*, São Paulo, Departamento de História da Faculdade de Filosofia, Letras e Ciências Humanas da Universidade de São Paulo, 1989 (tese de doutorado).
21. Ana Lucia Duarte Lanna, *Uma Cidade na Transição: Santos (1870-1913)*, São Paulo/Santos, Hucitec/Prefeitura Municipal de Santos, 1996.

dos órgãos públicos na vila e posteriormente cidade de Santos[22]. Na edição de 1996, da respectiva obra, o autor Fernando Martins Lichti agregou aos volumes o livro *Polianteia Santista*, em que tratou das empresas responsáveis pelas obras de saneamento, abastecimento de água, transporte público, entre outras[23]. Outro escritor conhecido foi Costa e Silva Sobrinho, que, em um de seus livros, *Romanagem pela Terra dos Andradas*, trouxe crônicas sobre fatos "curiosos" e "memoráveis" ocorridos na cidade em diferentes datas[24]. O escritor e jornalista Olao Rodrigues também publicou mais de um livro sobre Santos, destacando-se entre eles *História da Imprensa de Santos*, em que fez um levantamento de todos os jornais da cidade e os principais acontecimentos que envolveram suas publicações[25].

A pesquisa de fontes buscou ser extensa e gerar, como base para análises, um instrumento de pesquisa com dados a respeito das casas importadoras e seus agentes no centro comercial santista nas três últimas décadas dos Oitocentos. A proposta de examiná-los em suas próprias circunscrições, conduzidos pelos indivíduos que agem em seu bojo, tanto em sua biografia pessoal como profissional, partiu da metodologia discutida por Carlo Ginzburg no texto "O Nome e o Como", publicado em *A Micro-História e Outros Ensaios*. Na referida obra Ginzburg chama atenção para a teia de informações que converge e parte dos nomes, ajudando na compreensão do tecido social em que os indivíduos estão inseridos. Surge daí a possibilidade de uma observação diferenciada, feita em uma escala reduzida pela micro-história, a qual em muitos casos permite um novo questionamento de estruturas invisíveis dentro das quais o vivido se articulava (análises estas que podem ser feitas a partir de casos marginais)[26].

22. Francisco Martins dos Santos, *História de Santos*, São Vicente, Caudex, 1986 (1. ed. 1937), vols. 1 e 2.
23. Fernando Martins Lichti, *Polianteia Santista*, São Vicente, Caudex, 1986, vol. 3.
24. Costa e Silva Sobrinho, *Romanagem pela Terra dos Andradas*, São Paulo, Empresa Gráfica da Revista dos Tribunais, 1957.
25. Olao Rodrigues, *História da Imprensa de Santos*, Santos, A Tribuna, 1979.
26. Carlo Ginzburg, *A Micro-História e Outros Ensaios*, Rio de Janeiro, Bertrand Brasil, 1989.

Em um primeiro momento, os almanaques[27], disponíveis nos acervos da Biblioteca do Museu Paulista, Biblioteca da Faculdade de Filosofia, Letras e Ciências Humanas da USP, Instituto de Estudos Brasileiros da USP e Biblioteca da Sociedade Humanitária dos empregados no comércio da cidade de Santos, serviram como ponto de partida para o levantamento das firmas comerciais, já que oferecem listas organizadas das casas estabelecidas nas cidades paulistas, como Santos e São Paulo. Para o estudo da inserção das casas importadoras no tecido urbano foram investigados os requerimentos e ofícios enviados pelas mesmas à administração municipal e que foram registrados nas atas das reuniões da Câmara Municipal de Santos[28]. As atas fazem parte dos fundos, Câmara Municipal de Santos e Intendência Municipal, acessíveis para consulta na Fundação Arquivo e Memória de Santos. Além dos temas mais gerais ligados ao desenvolvimento urbano e comercial da cidade, as diversas atividades comerciais exercidas por seus agentes também puderam ser mapeadas na documentação como, por exemplo, os vários ofícios que comunicavam a nomeação de agentes para os consulados. Para complementar a primeira fase da pesquisa foi utilizado o periódico *Boletim da Associação Comercial*[29], disponível na Associação Comercial de Santos. Sua maior contribuição se deu através dos dados referentes à fundação da Associação Comercial de Santos e as diretorias eleitas desde o início de seu funcionamento, das quais participaram alguns nomes ligados ao comércio de importação.

Em seguida, como fonte de definições para termos utilizados no comércio da época foram de grande contribuição os manuais de comércio de Bernardino José Borges, *O Commerciante ou Completo Manual Instructivo*[30], de Veridiano Carvalho, *Manual Mercantil*[31] e de Belmiro

27. Ver lista em Fontes, p. 135.
28. Atas da CMS, 1869-1899.
29. *Boletim da Associação Comercial de Santos*, 1908-1909.
30. Bernardino José Borges, *O Commerciante ou Completo Manual Instructivo*, Rio de Janeiro, Eduardo & Henrique Laemmert, 1878.
31. Veridiano Carvalho, *Manual Mercantil: Encyclopedia Elementar do Commercio Brazileiro*, Rio de Janeiro, Companhia Tipografica do Brasil, 1900.

Pedro, *O Que Todo Commerciante Deve Saber*[32], disponíveis na Biblioteca Central da Faculdade de Direito da Universidade de São Paulo. Já para a reconstituição das trajetórias empresariais das casas importadoras fez-se uso especialmente das obras de propaganda, entre elas a obra dirigida por Reginald Lloyd, *Impressões do Brazil no Século XX*[33], disponível na Biblioteca do Museu Paulista. Em meio aos diversos artigos publicados na obra de Lloyd estão aqueles que abordaram a navegação marítima e os portos brasileiros, o comércio de importação e exportação e as firmas comerciais de cidades como São Paulo e Santos; outra fonte foi o *Álbum São Paulo Moderno*[34], do mesmo gênero da anterior, apresentando dados biográficos das firmas que trabalhavam com importação desde décadas anteriores à publicação da obra, disponível na Fundação Arquivo e Memória de Santos.

Finalmente, para o estudo dos objetos importados e das formas de publicidade mais usadas no período, a pesquisa se serviu dos anúncios publicados em periódicos santistas, os jornais, *Diário de Santos*[35] e *Cidade de Santos*[36], disponíveis na Hemeroteca Municipal de Santos. Neles foram resgatados os manifestos do porto e as propagandas das firmas importadoras e de outras casas comerciais da cidade, além de alguns dados informativos sobre a atividade dos consulados e de instituições da época, como o Clube Germânia.

Em relação à iconografia, além da publicidade ilustrada veiculada em almanaques e jornais, foi utilizada a *Planta Demonstrativa do Estado*

32. Belmiro Pedro, *O Que Todo Commerciante Deve Saber*, Rio de Janeiro, F. Briguiet, s.d.
33. Reginald Lloyd (dir.), *Impressões do Brasil no Século XX: Sua História, Seo Povo, Commercio, Industrias e Recursos*, Londres, Lloyd's Greater Britain Publishing Company, 1913.
34. *Álbum São Paulo Moderno*, Empreza Editora, 1919, vol.1.
35. *Diário de Santos*, anos de 1872-1873, 1879-1900. O jornal *Diário de Santos* surgiu no dia 10 de outubro de 1872 quando outro jornal, *Comércio de Santos*, passou a ser de uma associação confiada ao advogado José Emílio Ribeiro Campos. Foi um jornal matutino que teve longa duração na cidade, perdendo apenas para o *A Tribuna*, existente ainda nos dias de hoje. Ata da CMS, 20 de outubro de 1872 (Olao Rodrigues, *op. cit.*, pp. 30-31).
36. *Cidade de Santos*, anos de 1898-1900. O jornal *Cidade de Santos* foi impresso pela primeira vez em 29 de setembro de 1898 e era administrado por Antônio Augusto Bastos, sendo inicialmente também propriedade de uma associação (Olao Rodrigues, *op. cit.*, pp. 101-102).

das Obras[37] (do cais de Santos) e o *Mapa da Cidade de Santos e S. Vicente*[38], ambas pertencentes ao Arquivo Aguirra que integra um dos fundos do Serviço de Documentação Textual e Iconográfica do Museu Paulista. Também foram inseridas no trabalho as fotografias do centro de Santos de José Marques Pereira[39], disponíveis no acervo da Fundação Arquivo e Memória de Santos, e de Marc Ferrez, Coleção Gilberto Ferrez, encontrada no Instituto Moreira Sales[40].

Três capítulos compõem este livro. O primeiro capítulo, "Santos e o Comércio de Importação", centra-se na verificação e análise de como as casas de importação e seus agentes estavam inseridos no centro comercial santista e as principais atividades comerciais que exerciam na praça, como empresários, cônsules e membros da Associação Comercial de Santos, buscando relacionar essas questões à inserção do Porto de Santos no comércio internacional e às mudanças ocorridas na Província de São Paulo, mais especificamente na cidade de Santos, a partir da expansão da economia paulista em fins do século XIX. O segundo, "As Casas Importadoras e suas Trajetórias Empresariais", trata das próprias trajetórias dos importadores e suas firmas, cuja análise centrou-se nas suas relações comerciais com as principais companhias de navegação da segunda metade dos Oitocentos, na construção de suas redes de comércio e nos principais ramos de importação a que se dedicaram. O terceiro e último capítulo, "Objetos Importados, 'Desde Chita até Locomotiva'", traz um quadro das importações realizadas pelas firmas importadoras, buscando mostrar a variedade de produtos e os principais portos envolvidos nesse comércio. Somaram-se para esta investigação, os anúncios publicitários, observados tanto quanto a dados mais diretos como quanto às formas de representação de objetos, aos valores e funções que os revestiam, quando inseridos em modas e gostos também importados e colocados em

37. *Cáes de Santos. Planta Demonstrativa do Estado das Obras em 31 de Dez. de 1895*. Imprensa Nacional, 1895.

38. Jules Martin, *Mapa da Cidade de Santos e S. Vicente*, 1878.

39. José Marques Pereira, *Casarões do Largo Marquês de Monte Alegre*, 1900; *Rua XV de Novembro*, 1900; *Rua Santo Antonio*, 1900.

40. Marc Ferrez, *Porto de Santos – Cais do Consulado*, 1880.

circulação no comércio santista por intermédio dessas casas comerciais, como processo intrínseco ao sistema de internacionalização econômica e cultural do contexto em questão.

CAPÍTULO 1

Santos e o Comércio de Importação

PÁGINA ANTERIOR: *Porto de Santos, Cais do Consulado, 1880. Marc Ferrez, Coleção Gilberto Ferrez, Acervo Instituto Moreira Salles.*

A inserção de portos brasileiros nas rotas mundiais de navegação marítima se deu de forma gradativa ao longo do século XIX. Essa participação já existia desde os tempos coloniais, mas com o fim do monopólio comercial praticado pela coroa portuguesa e a abertura dos portos a partir de 1808, o comércio marítimo legal na costa brasileira deixou de ser realizado exclusivamente entre colônia e metrópole para ser estabelecido diretamente também com outras nações do mundo. Sobre os portos brasileiros, cabe destacar alguns estudos que trataram de um período anterior ao investigado nesta pesquisa e que trouxeram, inicialmente, informações úteis sobre o comércio feito por vias marítimas. Ao abordar a cabotagem no Brasil, entre os anos de 1808 e 1822, as autoras, Maria Lígia Prado e Maria Cristina Luizetto explicaram que esse tipo de navegação, mesmo em condições não muito favoráveis, tornou-se o principal meio de ligação entre as províncias, escoando a produção regional e articulando o abastecimento e a comunicação entre os vários centros comerciais. Os portos maiores, como os do Rio Grande do Sul, do Rio de Janeiro e da Bahia recebiam mercadorias estrangeiras e exportavam a produção doméstica, enquanto outros centros menores dependiam dos grandes portos para consumir e reexportar a produção[1]. Já o de longo curso se realizava por mar entre países de nacionalidades diferentes, como o comércio praticado entre a França e o Brasil, estudado por Eneida Maria Cherino Malerbi. Ao investigar os anos de 1815-1848, Malerbi constatou que, enquanto consumidor de produtos franceses, o Brasil era exportador de matérias primas e de gêneros agrícolas, artigos estes

1. Maria Ligia Prado e Maria Cristina Luizetto, "Contribuição para o Estudo do Comércio de Cabotagem no Brasil, 1808-1822", em *Anais do Museu Paulista*, n. 30, 1980-1981, p. 160.

postos à disposição tanto para o consumo francês como para reexportação para outros países europeus a partir da França. Naquele momento, os principais portos brasileiros de contato eram os do Rio de Janeiro, de Salvador e do Recife, utilizados nas escalas dos navios que se dirigiam ou partiam da região platina e dos demais países sul-americanos, em direção à costa leste dos Estados Unidos e à Europa[2].

Foi na segunda metade do século XIX, contudo, que o Porto de Santos passou a participar de forma mais significativa desse sistema, que incluía rotas nacionais e internacionais de comércio, como será discutido no decorrer deste capítulo. Na leitura dos primeiros almanaques da Província de São Paulo, publicados na década de 50 dos Oitocentos, entre as informações sobre o comércio paulista, foram encontrados poucos indícios sobre o Porto de Santos; entretanto, no segundo deles, publicado para o ano 1858, já apareciam alguns nomes de vapores nacionais, seus agentes e mapas de navegação organizados pela alfândega da cidade, incluindo a quantidade de embarcações à vela e a vapor que entravam no porto por cabotagem ou de longo curso, além de números relativos às importações feitas pelos dois tipos de comércio[3]. Ao comparar esse almanaque com os dos anos posteriores, especialmente relativos às décadas de 1870, 1880 e 1890, verifica-se que houve uma multiplicação notória do número e da variedade de anúncios que passaram a citar nomes de companhias de navegação, das agências de vapores, das casas importadoras e de seus agentes. Estes dados podem ser interpretados como sinais de mudanças no comércio da região e nas atividades do seu principal porto.

Como exemplo, na Figura 1, observa-se listas dos nomes envolvidos no comércio de importação e exportação, com a indicação de seus respectivos endereços, situados na cidade. Com o passar do tempo, os anúncios foram se tornando mais detalhados, como na Figura 2, em que a firma Karl Valais & C., cujo nome também apareceu em listas de negociantes de importação, apontou o agenciamento de vapores para a

2. Eneida Maria Cherino Malerbi, *Relações Comerciais Entre Brasil e França, 1815-1849*, São Paulo, Departamento de História da Faculdade de Filosofia, Letras e Ciências Humanas da Universidade de São Paulo, 1993, pp. 15, 23-24 (dissertação de mestrado).

3. *Almanak da Província de São Paulo*, 1857.

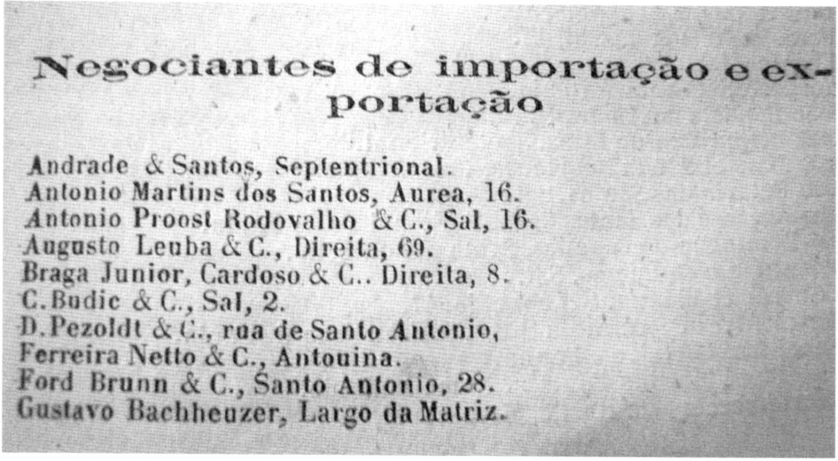

Negociantes de importação e exportação

Andrade & Santos, Septentrional.
Antonio Martins dos Santos, Aurea, 16.
Antonio Proost Rodovalho & C., Sal, 16.
Augusto Leuba & C., Direita, 69.
Braga Junior, Cardoso & C.. Direita, 8.
C. Budic & C., Sal, 2.
D. Pezoldt & C., rua de Santo Antonio,
Ferreira Netto & C., Antouina.
Ford Brunn & C., Santo Antonio, 28.
Gustavo Bachheuzer, Largo da Matriz.

Figura 1. *Relação de importadores-exportadores* (Almanak da Cidade de Santos, *1871*).

navegação de longo curso entre portos de cidades brasileiras e de cidades italianas, francesas e da região platina, destacando a companhia de navegação francesa a que estava vinculada (Société Générale de Transports Maritimes à Vapeur de Marseille) e as informações que davam à firma lugar de destaque no comércio marítimo, como os números do seu capital, os vapores em operação e suas respectivas capacidades em toneladas e os preços de suas passagens para três classes diferentes. A partir desses anúncios, presentes nos almanaques da época, foi feito um primeiro levantamento das firmas e agentes envolvidos com a importação de produtos pelo porto santista. A organização e análise desses dados se constituíram no primeiro passo para compreender o comércio de importação realizado a partir do Porto de Santos.

1.1. O porto e o centro comercial de Santos

O crescimento do Porto de Santos nas últimas três décadas dos Oitocentos se insere em um contexto de mudanças econômicas no mundo e,

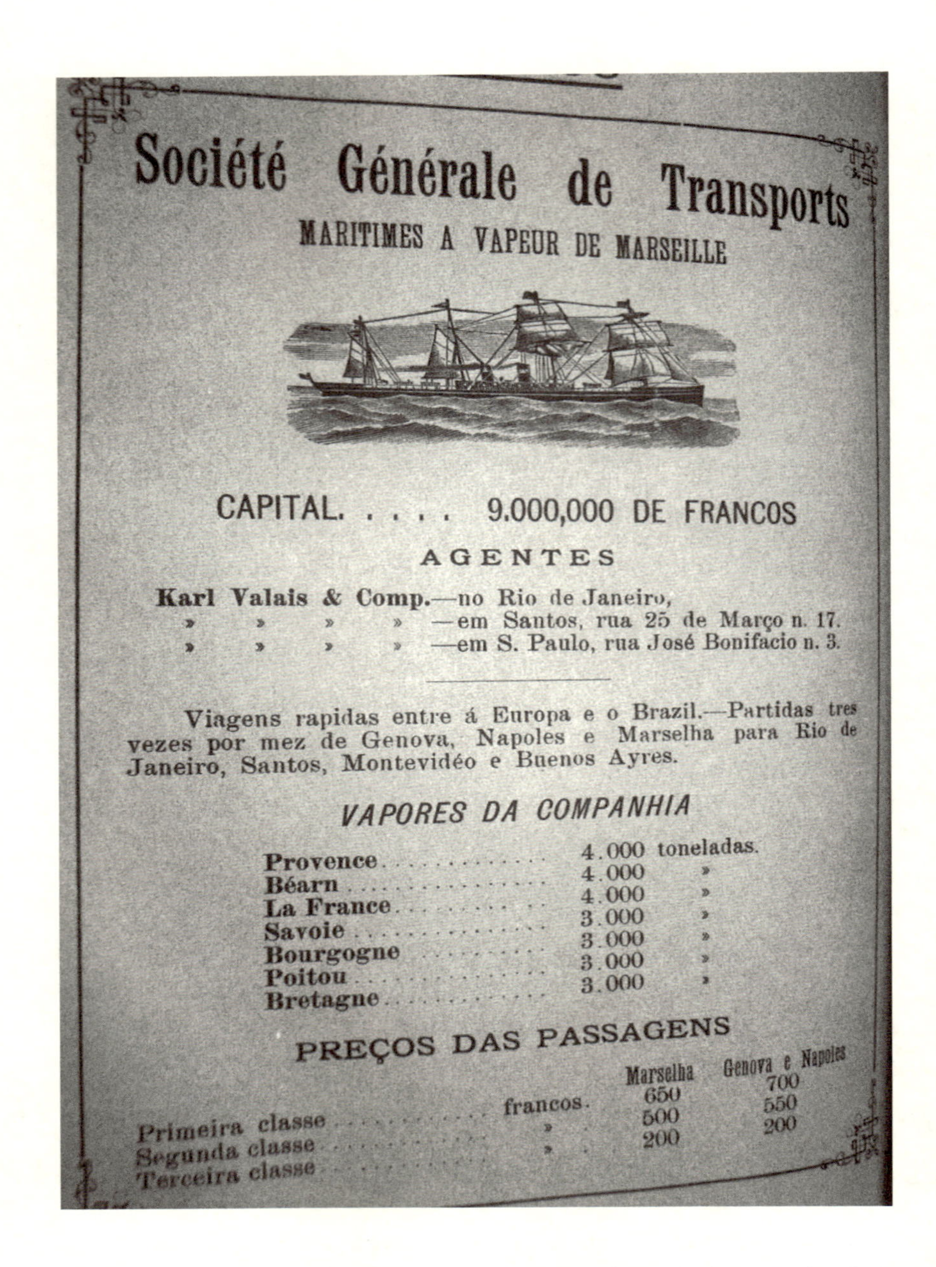

Figura 2. *Anúncio de companhia de navegação (*Almanach do Estado de São Paulo*, 1890).*

em especial, na Província de São Paulo[4]. A economia capitalista passou por mudanças significativas no final do século XIX e início do século XX. Segundo Eric Hobsbawn, a economia mundial apresentava características específicas nesse período, entre elas, crescimento do mercado de produtos primários em diversos países; maior pluralismo, apesar da significativa dependência em relação aos serviços financeiros, comerciais e da frota mercante da Grã-Bretanha; revolução tecnológica, atualizando a primeira revolução industrial através de aperfeiçoamentos nas tecnologias do vapor e do ferro; novos modos de estruturar e operar a empresa capitalista; mudanças qualitativas e quantitativas no mercado de bens de consumo com a formação do mercado de massas não somente para as necessidades básicas, ligadas à alimentação e ao vestuário, como para outros bens de consumo; expansão do setor terciário com a proliferação de lojas, escritórios e outros serviços; crescente participação do governo e do setor público na economia[5]. Em relação a essas mudanças no mercado de bens de consumo, Thomas J. Schlereth explicou que, no caso dos Estados Unidos, um número crescente de pessoas, pertencentes à classe média e trabalhadora, foi adquirindo condições financeiras e tempo livre para o consumo dos bens materiais que estavam sendo produzidos em grande quantidade e variedade pela indústria e sendo divulgados através de catálogos postais por todo o país[6]. Esses produtos eram colocados à venda em lojas de departamentos, as quais o autor chamou de "mecas do consumo e do materialismo"[7]. Nesta fase, Nova Iorque substituiu a Filadélfia como centro mercantil da nação norte-americana, tornando-se um porto de entrada das novas idéias comerciais e de acumulação

4. A Província de São Paulo "faz fronteira ao norte com a província de Minas Gerais, ao sul com a do Paraná e o Oceano Atlântico, a leste pelo Rio de Janeiro, a oeste pela de Minas Gerais e Mato Grosso" (Relatório destinado ao Ministro das Relações Exteriores da França, 30 de março de 1885, *apud* Vanessa dos Santos Bodstein Bivar, *Vivre à St. Paul: Os Imigrantes Franceses na São Paulo Oitocentista*, São Paulo, Departamento de História da Faculdade de Filosofia, Letras e Ciências Humanas da Universidade de São Paulo, 2007, pp. 116-117, tese de doutorado).
5. Eric Hobsbawn, *A Era dos Impérios 1875-1914*, Rio de Janeiro, Paz e Terra, 2007, pp. 79-84.
6. Thomas J. Schlereth, *Victorian America: Transformations in Everyday Life, 1876-1915*, Longman, 1992, p. 141 (trad. nossa).
7. *Idem*, p. 148.

de coisas materiais em suas diversas exposições, museus, hotéis e lojas de departamentos[8]. A partir dessas mudanças nas economias dos países europeus e dos Estados Unidos pode-se pensar a respeito de como diferentes cidades de países exportadores de matérias-primas e de produtos agrícolas foram em busca de sua inserção nesse mercado internacional ditado pelos países industrializados.

As cidades dos países latino-americanos, até mesmo as capitais, não tinham grandes mercados internos para absorverem quantidades significativas de produtos importados. Sobre esta questão, Arnold J. Bauer explicou que, da metade do século XIX em diante, uma camada de consumidores crescente, situada entre os ricos proprietários de terras com residência na cidade e a maior parte da população fixada em zonas rurais, preocupou-se em se distinguir da massa residente nas zonas não urbanas através da adoção de novos comportamentos de consumo[9]. As cidades[10] onde se encontravam esses novos consumidores foram as portuárias e aquelas interligadas ao mundo exterior por meio de linhas férreas e/ou fluviais[11]. A renda gerada nos últimos trinta anos dos Oitocentos pela grande procura por bens primários, como café, açúcar, trigo, petróleo e cobre tornou possível a importação, por parte dos países exportadores de matérias-primas e produtos agrícolas, dos bens manufaturados destinados a suprir necessidades cotidianas tanto quanto de inseri-los nas modas ditadas pelos europeus e norte-americanos[12]. Pode-se dizer que este foi o caso de São Paulo e Santos, cidades que passaram por diversas transformações econômicas e sociais com a expansão da produção de café na segunda metade do século XIX.

Na historiografia paulista a relação entre o planalto e o litoral foi destacada por Caio Prado Jr. como "base do organismo econômico da

8. Simon J. Bronner, *Consuming Visions: Accumulation of Goods in America, 1880-1920*, New York/London, W. W. Norton, 1989, pp. 31-32 (trad. nossa).

9. Arnold J. Bauer, *Goods, Power and History: Latin America's Material Culture*, Cambridge, Cambridge University Press, 2001, p. 133 (trad. nossa).

10. Bauer trata especialmente das cidades de Lima, Bogotá, Cidade do México, Santiago e Buenos Aires.

11. *Idem*, p. 139.

12. *Idem*, p. 152.

capitania" em tempos anteriores à expansão cafeeira. Via Caminho do Mar transitavam as mercadorias a serem exportadas e as importadas, como também os gêneros alimentícios consumidos no litoral, produzidos no interior e reexportados para outros portos do país[13]. Já com a expansão da economia cafeeira essa relação antiga passou a contar com novos suportes sustentados pelos investimentos em infraestrutura portuária e inauguração da estrada de ferro São Paulo Railway, em 1867, quando o surgimento da linha Santos-Jundiaí estabeleceu uma comunicação mais intensa, através da capital, da região portuária com o setor economicamente mais importante do interior[14]. Dessa forma, a ligação comercial entre São Paulo e Santos foi importante tanto para a manutenção do comércio de produtos ligados ao consumo interno como daqueles que se destinavam à exportação. Para Paul Singer, o açúcar foi um desses produtos que, em um período anterior, participou da pauta das exportações brasileiras, mas que, apesar de animar e expandir a vida comercial da cidade de São Paulo, ainda colocava a exportação pelo Porto de Santos em uma posição modesta em relação às inúmeras caixas embarcadas nos portos da Bahia, Pernambuco e Rio de Janeiro em fins do século XVIII e início do XIX[15]. O autor chamou de precária a ligação entre Santos e São Paulo até os anos 60 dos Oitocentos, quando a cafeicultura se expandiu a oeste da cidade de São Paulo e a ligação ferroviária entre as duas cidades começou a funcionar:

A partir de 1868 o sistema São Paulo-Santos se insere de forma cada vez mais sólida no grande negócio cafeeiro e, a partir da última década do século passado, arrebata ao Rio sua posição hegemônica, tornando-se o grande eixo de comercialização do produto-rei da exportação brasileira[16].

13. Caio Prado Jr., *Evolução Política do Brasil e Outros Estudos*, 7. ed., São Paulo, Brasiliense, 1971, pp. 106-107.
14. *Idem*, p. 126.
15. Paul Singer, *Desenvolvimento Econômico e Evolução Urbana*, São Paulo, Nacional /Edusp, 1968, p. 26.
16. *Idem*, p. 30.

O impacto da expansão da economia cafeeira sobre o desenvolvimento paulista teve seus desdobramentos na vida urbana da cidade de São Paulo, envolvida diretamente com o comércio do produto, entre eles, crescimento da população, desenvolvimento comercial, implementação de infraestrutura, criação de novos mercados como o de capital e de trabalho, tendo como resultado o surgimento de um mercado interno de certa relevância, abastecido em grande parte por produtos importados[17]. Como aconteceu em outras cidades latino-americanas, os implementos de infraestrutura urbana, como luz a gás e elétrica, pavimentação de ruas, bondes, saneamento e o conjunto de bens de consumo em circulação foram fatores de distinção cada vez maior entre a cultura material do campo e a da cidade, somando-se a isso novas formas de sociabilidade e de lazer (e sua própria ideia), como encontros em lugares públicos, em novos restaurantes, cafés, óperas e teatros[18]. Em relação às atividades comerciais, o crescimento da cidade de São Paulo e a sua inserção em uma economia maior possibilitaram a intensificação do seu comércio com a ampliação da quantidade, qualidade e variedade de gêneros disponíveis em sua praça. Surgiram donos de lojas de joias, chapéus, guarda-chuvas, secos e molhados, armarinho, farmácias, padarias, fábricas de cerveja, massas, etc.[19] Em Santos, essas mudanças também se fizeram sentir com a expansão do comércio exterior, desenvolvimento do porto e a instalação de casas de exportação e importação nas ruas adjacentes. Essas firmas atuavam tanto no mercado do café como também eram responsáveis pela entrada de produtos importados na região.

A investigação das transformações ocorridas no centro comercial da cidade portuária e suas relações com os negociantes de importação ali estabelecidos indicaram o grau de inserção dessas casas no sistema econômico e social do período em estudo. Como já foi citado, os nomes das firmas de importação e seus endereços foram primeiramente coletados

17. *Idem*, pp. 39, 44-45.

18. Arnold J. Bauer, *op. cit.*, pp. 150, 154.

19. Zélia Cardoso de Mello, *Metamorfoses da Riqueza (São Paulo, 1845-1895): Contribuição ao Estudo da Passagem da Economia Mercantil-Escravista à Economia Exportadora Capitalista*, 2. ed., São Paulo, Hucitec, 1990, p. 70.

nos almanaques comerciais que, entre outras informações, publicavam listas organizadas das firmas comerciais estabelecidas nas principais cidades paulistas. No caso de Santos, as ruas adjacentes ao porto foram as mais anunciadas como endereço referencial das firmas. Desse modo, a pesquisa em documentos que tramitaram na Câmara Municipal da cidade de Santos[20] também se fez necessária a fim de que outras informações pudessem ajudar a esclarecer a inserção dessas casas no tecido urbano. Na busca por compreender a evolução urbana da cidade, particularmente no que diz respeito às ruas em que as casas importadoras se localizavam, descortinou-se um conjunto de transformações urbanas vivenciadas pela população nas três últimas décadas dos Oitocentos.

Sabe-se que a configuração urbana de Santos até meados do século XIX era a de um sítio plano com sua povoação desenvolvendo-se junto ao seu marco inicial chamado Outeiro de Santa Catarina, às redondezas do largo em frente à Igreja da Misericórdia (depois Matriz) e próximo ao Convento e Igreja dos Jesuítas. Era neste núcleo que as funções militares e administrativas se realizavam devido à existência de quartéis, casa do trem, do Forte de Nossa Senhora do Monte Serrat (ou da Vila), da casa de câmara e cadeia e da alfândega[21]. Quando se deu a constru-

20. A Câmara Municipal de Santos foi instalada com a elevação do Povoado à Vila entre os anos de 1545 a 1546. No período estudado por esta pesquisa, a Câmara, como outras no Brasil, era responsável pela administração do município, acumulando funções administrativas, judiciais e policiais, legislando sobre Posturas Municipais às quais podiam se juntar outras leis no decorrer do tempo. No exercício de suas atividades, entre outros documentos, eram expedidos ou recebidos requerimentos de licença, pareceres, propostas, relatórios, contratos. Nas reuniões do órgão eram produzidas atas das sessões que continham decisões, informes, propostas de vereadores e outros assuntos discutidos no expediente do dia. Tal documentação permitiu rastrear os principais temas que envolviam o desenvolvimento urbano, dando especial destaque para assuntos ligados ao centro comercial da cidade (Fundo Câmara Municipal de Santos. Disponível em: <http://www.fundasantos.org.br/page.php?90>. Acesso em: 3 de set. 2015).

21. Data ainda de tempos coloniais a fundação das primeiras alfândegas do Brasil. A alfândega de Santos foi fundada em 1550 pelo Provedor-mor Antônio Cardoso de Barros. Até então, havia apenas trapiches alfandegados, onde os produtos aguardavam o desembaraço ou despacho, mediante o pagamento dos direitos, tarifas, taxas, dízimos ou qualquer outro tipo de cobrança. Os provedores eram os próprios juízes da alfândega, além de exercerem outros cargos. De 1775 até 1808 o cargo de Juiz da Alfândega era exercido, por acumulação, pelo

ção do Convento Franciscano do Valongo, no lado oposto, a vila chegou ao limite de sua expansão. Neste segundo núcleo as funções comerciais predominavam, já que a região do Valongo estava mais próxima aos que vinham de São Paulo pelo porto geral do Cubatão. O caminho que ligava os dois núcleos urbanos deu origem, ainda no século XVII, à rua principal da vila, sendo seu trecho mais importante a chamada rua Direita, que seguia paralela ao porto até sua mudança de direção a partir dos Quatro Cantos. O trecho mais afastado do mar que segue até o Convento Franciscano do Valongo deu origem à rua Santo Antônio[22]. No mapa de Jules Martin é possível observar o traçado dessas e outras ruas do centro da cidade (Figuras 3 e 4).

A partir da segunda metade do século XIX, houve um impulso no interesse pela ocupação do Valongo, tornando as ruas desse bairro ainda mais valorizadas. Isso se deu, particularmente, devido à perspectiva gerada pela construção da estrada de ferro São Paulo Railway durante os anos de 1860-1867[23]. Logo, se os negociantes que se estabeleceram nesta área da cidade pretendiam ficar mais próximos do ponto de ligação com o planalto (Cubatão), a instalação da ferrovia representou um investimento ainda mais significativo para que as ruas adjacentes ao porto fossem ocupadas por um número cada vez maior de casas comerciais. De acordo com Ana Lucia Duarte Lanna, ao redor da ferrovia, "apareciam novos lugares de convivência. Os quiosques instalados na estação rapidamente transformaram-se em local de encontro da população. Alterou o tecido urbano e ao associar-se com o porto definiu esta área da cidade como essencialmente comercial"[24].

Juiz de Fora da Vila de Santos. No século XIX (1834), o cargo passou a ter a denominação de Inspetor (Francisco Martins dos Santos, *História de Santos*, São Vicente, Caudex, 1986, pp. 97-102, vol. 1).

22. Wilma Theresinha F. de Andrade, *O Discurso do Progresso: A Evolução Urbana de Santos (1870-1930)*, São Paulo, Departamento de História da Faculdade de Filosofia, Letras e Ciências Humanas da Universidade de São Paulo, 1989, pp. 63-65 (tese de doutorado).
23. *Idem*, p. 98.
24. Ana Lucia Duarte Lanna, *Uma Cidade na Transição: Santos (1870-1913)*, São Paulo/Santos, Hucitec/Prefeitura Municipal de Santos, 1996, pp. 55-56.

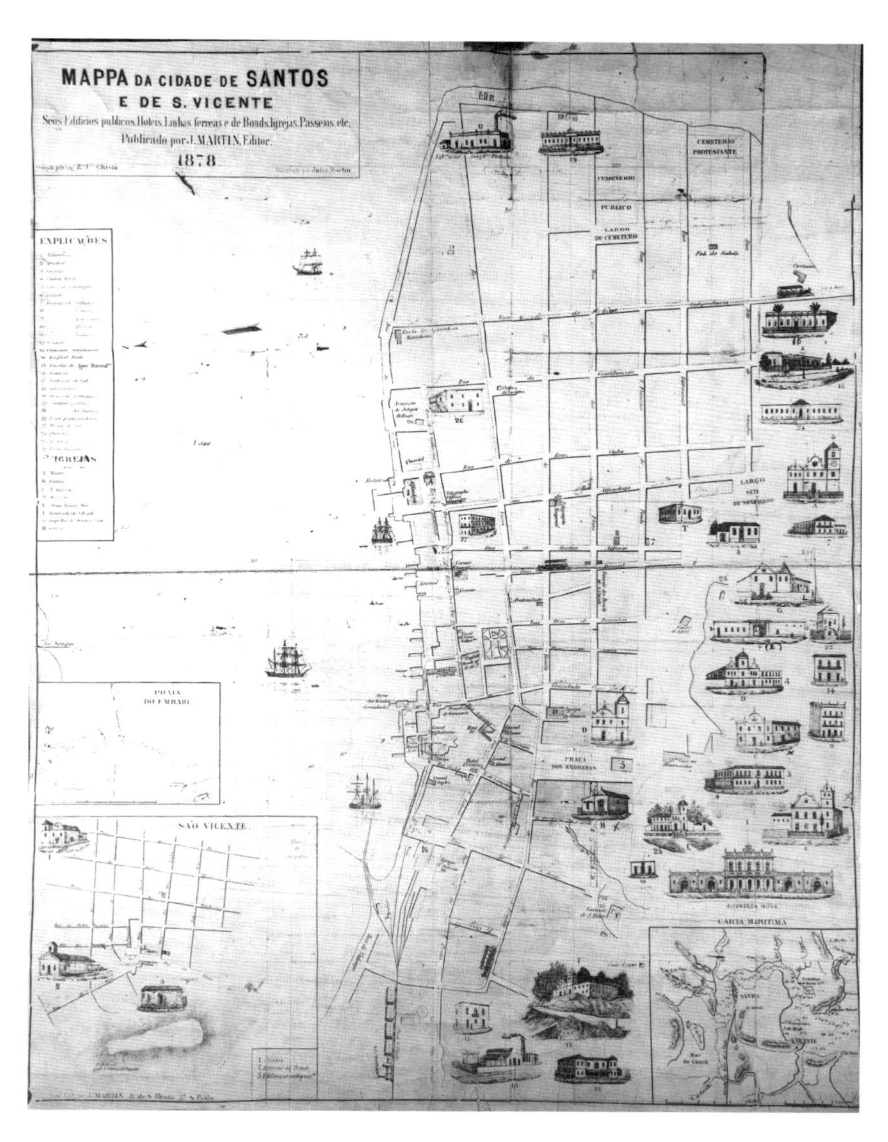

FIGURA 3. *Mapa da cidade de Santos e São Vicente, seus edifícios públicos, hotéis, linhas férreas, linhas de bondes, igrejas, passeios, etc. Publicado por Jules Martin, Editor Engenheiro Rdo. Edo. Chesin, Desenhista Jules Martin, 1878 (Arquivo Aguirra, Acervo do Museu Paulista da* USP*. Créditos fotográficos: José Rosael/Hélio Nobre).*

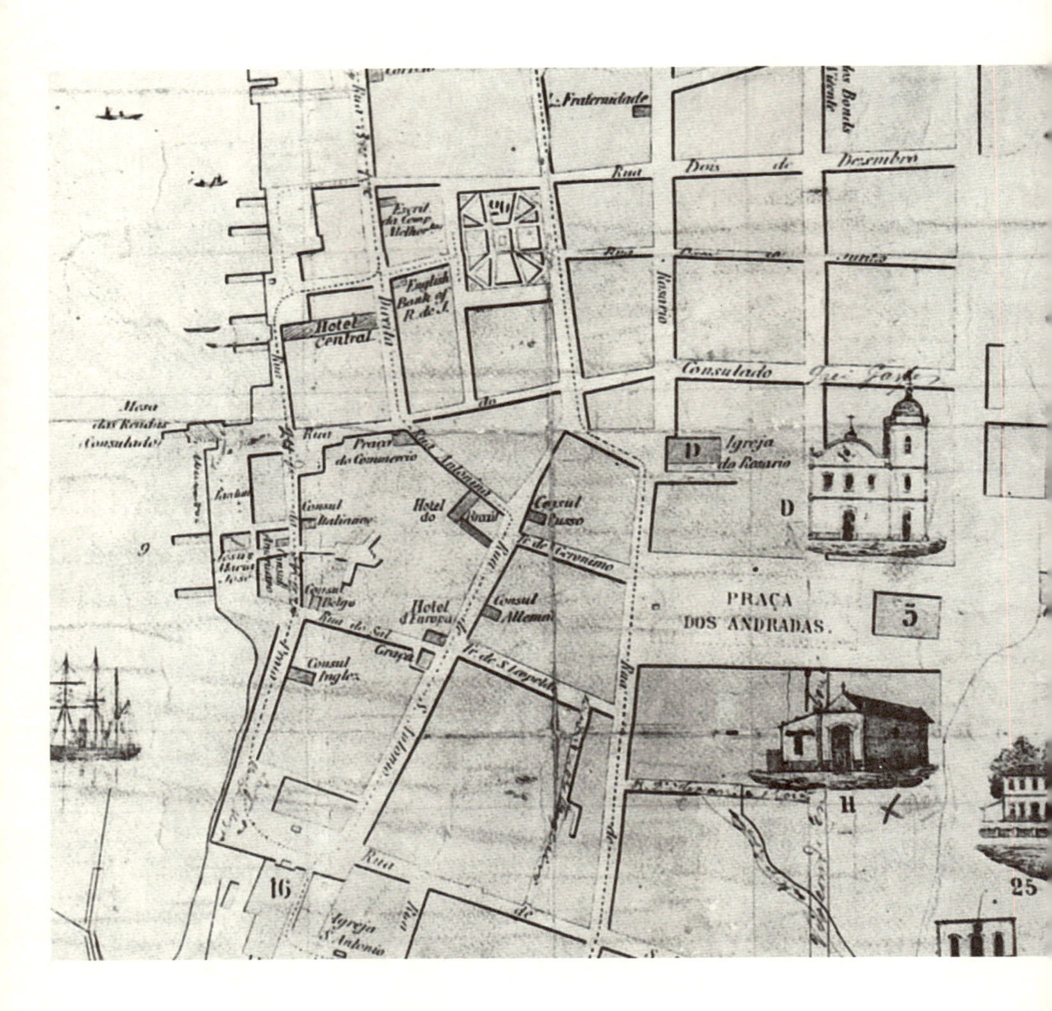

Figura 4. *Mapa de Santos desenhado por Jules Martin, 1878 (detalhe). Nele é possível identificar as ruas Direita, paralela ao porto, mudando seu traçado na rua Antonina, unindo-se à rua Santo Antônio que segue em direção à Igreja de Santo Antônio do Valongo, próxima de onde foi instalada a estação da São Paulo Railway, a rua do Sal ligando a mesma rua ao porto, e a da Praia, que contornava o estuário no setor compreendido entre os portos do Bispo e do Consulado, local onde canoas, embarcações à vela e vapores aportavam no período.*

Assim, a ocupação dos endereços do Valongo foi impulsionada pela expansão do comércio, acompanhada tanto por investimentos na infraestrutura regional, a nova estrada de ferro, como local, por mudanças nos sistemas de iluminação, abastecimento de água, transportes e na construção do cais. Suas principais ruas, entre elas, Direita, do Sal, da Praia, receberam novos nomes na década de 70 dos Oitocentos. Antes da mudança, alguns deles podiam se referir simbolicamente à religião católica, nestes casos, a troca do nome significou a "dessacralização" da nomenclatura das ruas, revelando mais um "sintoma de um novo tempo e de uma nova mentalidade"[25]. Segue abaixo a tabela com as respectivas alterações, registrada na ata do dia 22 de agosto de 1878[26]:

Rua do Valongo	Rua Independência
Rua da Penha	Rua Marquês do Herval
Rua da Praia	Rua 24 de Maio
Rua do Consulado	Rua Frei Gaspar
Rua Septentrional	Rua 28 de Setembro
Rua Sta. Catarina-Meridional	Rua Visconde do Rio Branco
Rua do Quartel	Rua Xavier da Silveira
Rua do Paquetá	Rua Baptista Pereira
Rua Áurea	Rua General Câmara
Rua Flores	Rua Amador Bueno
Rua Alfândega	Rua Senador Feijó
Rua Duas Pedras	Rua Andrade Neves
Rua do Sal	Rua José Ricardo
Rua Direita/Antonina	Rua 25 de Março

Sobre os aspectos econômicos e sociais da cidade naquele período foram publicados, em um curto período de tempo, pela Comissão de Redação da Câmara Municipal de Santos, dois pareceres fornecendo dados

25. Wilma Theresinha F. de Andrade, *op. cit.*, p. 120.
26. Ata da CMS, 22 de agosto de 1878. Algumas dessas ruas mudaram de nome novamente, como a Direita ou 25 de Março, que depois da Proclamação da República passou a se chamar XV de Novembro, e a rua da Praia ou 24 de Maio, depois chamada de Antônio Prado.

sobre o comércio, indústria, lavoura, navegação, entre outros itens. A exigência de esclarecimentos partiu do governo da Província que recebeu por esses pareceres diversas informações que caracterizavam a praça comercial santista. No item "Comércio", segundo o parecer de 1871, a cidade possuía "duas casas bancárias filiais, uma do English Bank of Rio de Janeiro Limited, que incorporado em Londres funciona na Corte, e outra do Banco Mauá & Cia., sociedade em comandita com a sede no Rio de Janeiro"[27]. No ano de 1875, acrescentaram-se entre os estabelecimentos bancários o Banco Mercantil de Santos e, no que diz respeito a agências, foi citada a do Banco de Braga com sede na cidade de mesmo nome e que fazia "transação de câmbio entre esta praça (Santos) e as da Europa"[28]. Conforme Maria Aparecida Franco Pereira, os bancos nacionais, como o Banco Mauá & Cia., que exerceu suas atividades entre 1870-75, e o Banco Mercantil de Santos, ativo entre 1872-1901 e fechado por falência, procuravam atender interesses ligados ao comissariado local. Seus diretores estavam ligados ao comércio em geral e ao comércio do café[29]. Em relação à presença de bancos estrangeiros e suas matrizes, principalmente dos ingleses[30], Singer afirmou que a poupança interna não era suficiente para atender à procura de capitais, por isso a necessidade de financiamentos por parte de bancos com sede fora do país[31]. A importância dos bancos e agências estrangeiras, como o English Bank e Banco de Braga, também se revelava nas práticas do comércio de importação, visto que "os exportadores ingleses emprestavam a prazo médio aos importadores brasileiros ou de outras nacionalidades que abasteciam o Brasil"[32]. Mais tarde, na década de 1890, uma filial do Banco Comércio e Indústria de São Paulo foi aberta e o médico e empresário João Éboli

27. Ata da CMS, 23 de janeiro de 1871, pp. 57-58.
28. *Idem*, 10 de abril de 1875, pp. 11-12.
29. Maria Aparecida Franco Pereira, *O Comissário de Café no Porto de Santos (1870-1920)*, São Paulo, Departamento de História da Faculdade de Filosofia, Letras e Ciências Humanas da Universidade de São Paulo, 1980, p. 177 (dissertação de mestrado).
30. A Grã-Bretanha era o maior exportador de capital e de serviços financeiros comerciais "invisíveis" (Eric Hobsbawn, *op. cit.*, p. 64).
31. Paul Singer, *op. cit.*, p. 34.
32. *Idem*, p. 34.

pôs em funcionamento o Banco Éboli & Cia. Eles se situavam, principalmente, no Valongo, com endereços na rua Direita[33].

A predominância numérica de comerciantes brasileiros e portugueses, mas também a presença de estrangeiros no comércio santista foram evidenciadas pelo parecer de 1875, que citou não somente o número de negociantes matriculados na praça, ao todo 60, como suas nacionalidades, sendo: "Brasileiros 38, Portugueses 16, Franceses 2, Alemães 2, Ingleses 1, Espanhol 1, todos do comércio de exportação, de importação e de comissões"[34]. Sobre a população santista sabe-se que ela passou por um crescimento acentuado a partir dos anos 70 dos Oitocentos. De um total de 9 171 habitantes em 1874, a população aumentou para 15 605 em 1886, chegando a 50 389 em 1900. Essas taxas de crescimento são comparáveis somente com as da cidade de São Paulo e consideradas discrepantes em relação à média de outras com seu mesmo porte[35]. Um dos motivos apontados para este aumento da população foi a chegada de imigrantes originários especialmente da Península Ibérica e da Itália[36]. Em uma outra estatística, apresentada por Maria Lucia C. Gitahy, os estrangeiros correspondiam a 31,5% da população branca que era de 55,3% de um total de 9 191 habitantes no ano de 1872. Para Gitahy, esses números representavam uma mudança significativa no perfil populacional da cidade, em comparação ao início do século XIX, quando sua população era constituída em sua maioria por negros e mestiços[37]. De fato, a presença de portugueses nos estabelecimentos ligados ao comércio de secos e molhados, armarinhos e fazendas[38] e, predominantemente, de alemães e ingleses nas casas exportadoras que operavam no comércio cafeeiro era bastante conhecida[39].

33. Wilma Theresinha F. de Andrade, *op. cit.*, pp. 119-120.
34. Ata da CMS, 10 de abril de 1875, pp. 11-12.
35. Zélia C. de Mello & Flávio A. M. Saes, *apud* Ana Lucia Duarte Lanna, *op. cit.*, pp. 50-51.
36. Wilma Theresinha F. de Andrade, *op. cit.*, p. 93.
37. Maria L. C. Githay, *Ventos do Mar: Trabalhadores do Porto, Movimento Urbanos em Santos (1889-1914)*, São Paulo/Santos, Unesp/Prefeitura Municipal de Santos, 1992, pp. 41-42.
38. Ana Lucia Duarte Lanna, *op. cit.*, p. 67.
39. Maria Aparecida Franco Pereira, *op. cit.*, p. 154.

A intensificação do comércio exterior, o adensamento populacional e a proliferação de doenças foram argumentos para que ocorresse uma série de transformações nos serviços públicos da cidade. Diversos requerimentos encaminhados à Câmara Municipal seguiam neste sentido, compondo-se tanto de propostas para a realização de obras como de queixas feitas pelos munícipes. No parecer de 1875 a Comissão de Redação informava a existência da companhia anônima "Melhoramentos da Cidade de Santos para o estabelecimento de água, gás, trilhos urbanos para cargas e passageiros e suburbanos para passageiros – sede no Rio de Janeiro"[40]. A empresa era uma sociedade formada pelo tenente-coronel John Frederic Russel, pelo engenheiro civil Eduardo Everett Benest e pelo dr. Thomaz Cochrane, moradores do Rio de Janeiro, empresários ligados ao fornecimento desses serviços na Corte e que receberam a concessão do governo imperial para implantá-los também na cidade de Santos a partir de fevereiro de 1870[41]. Ela foi pioneira no fornecimento de água encanada para distribuição domiciliar e em chafarizes para uso público e promoveu o serviço de iluminação a gás de hulha, com a instalação de novos lampiões substituindo os que funcionavam a óleo de peixe[42]. O privilégio do transporte de passageiros e cargas sobre trilhos tinha sido concedido inicialmente pelo governo provincial a Domingos Moutinho por cinquenta anos, em 10 de abril de 1870, em seguida, a Companhia Melhoramentos se associou ao detentor da respectiva concessão[43]. Um ofício da empresa, datado de 9 de outubro, foi registrado na ata da 1ª. Sessão ordinária da Câmara Municipal de Santos, três dias depois, contendo a seguinte informação:

40. Ata da CMS, 10 de abril de 1875, pp. 11-12.

41. Arnaldo Marques Jr., *Campo, Parque, Jardim – Transformações do Espaço Público Urbano: A Praça Visconde de Mauá em Santos, 1740-1940*, São Paulo, Departamento de História da Faculdade de Filosofia, Letras e Ciências Humanas da Universidade de São Paulo, 2006, pp. 58-59 (dissertação de mestrado).

42. Fernando Martins Lichti, *Polianteia Santista*, São Vicente, Caudex, 1986, vol. 3, pp. 44, 46.

43. Arnaldo Marques Jr., *op. cit.*, p. 59.

Tenho a honra de comunicar a Vossas Senhorias que hoje começou a funcionar o *tramroad* desta cidade de que são concessionários Russel, Benest & Cia., destinado ao transporte de gêneros de importação e exportação e de passageiros; serviço contratado com essa Câmara por virtude do privilégio concedido pela Assembleia Legislativa da Província. [...] é grata manifestação de júbilo de que me acho possuído por ver introduzido e realizado nesta importante praça comercial um melhoramento público de tal ordem, até agora o único em seu gênero no Império, o qual denuncia de um modo esplêndido o progresso a que temos chegado nesta província, sempre disposta a acolher todos os elementos de sua prosperidade e civilização[44].

Anos mais tarde, em 1881, por um decreto do Governo Imperial, os mesmos serviços passaram a ser prestados por um grupo de ingleses que fundaram a The City of Santos Improvements & Co. Ltda., incorporando ao seu patrimônio a antiga Companhia Melhoramentos[45]. O desenvolvimento urbano, mesmo que concentrado na área comercial da cidade, era festejado pela Câmara e apresentado a figuras ilustres que vinham em visita à cidade, como ocorreu na passagem do Imperador do Brasil por Santos, em agosto de 1875:

Na ocasião de irem para Matriz e na volta apreciaram os Augustos Viajantes (Imperador e a Imperatriz) as brilhantes iluminações públicas e particulares, sobressaindo entre estas a da Praça do Comércio, entre aquelas a abóbada de luz formada por arcos iluminados a gás, e que se estendia do Arsenal à Estação. [...] Fora marcada pelo Imperador para este dia a excursão à vila de São Vicente pela linha de bondes[46].

Foram grupos estrangeiros e nacionais com sede em cidades, como Londres e Rio de Janeiro, que tiveram condições de investir nos serviços de grande porte em Santos. Como afirmou Daniel Roche, o fornecimento de água, por exemplo, podia trazer grandes lucros para as empresas

44. Ata da CMS, 12 de outubro de 1871, p. 80.
45. Fernando Martins Lichti, *op. cit.*, p. 33.
46. Ata da CMS, 29 de agosto de 1875, pp. 26-30.

envolvidas, visto que um determinado equipamento, quando aperfeiçoado e perenizado em obras caras, tornava-se "o instrumento de um capitalismo poderoso"[47]. Santos, como uma cidade que crescia, em fins do século XIX, era atraente para esses empreendedores que administravam negócios pioneiros na Corte[48]. De forma simultânea às questões maiores do desenvolvimento urbano, os habitantes também buscavam soluções próprias para problemas cotidianos que os afligiam e, juntamente com a administração municipal, tentavam resolver aquilo que era possível. A leitura das atas indicou uma participação intensa dos homens ligados ao comércio sempre que os problemas urbanos relacionados ao transporte, serviço de água, luz, entre outros, tornavam-se empecilhos a suas atividades. Por isso, a existência de diversos requerimentos que partiam das próprias casas comerciais, não somente pedindo providências às autoridades, como também permissões para realizarem por si mesmas os serviços de que necessitavam.

Um dos graves problemas enfrentados tanto pelos citadinos quanto por aqueles que estavam apenas de passagem pela cidade foram as epidemias. Um conjunto de moléstias contagiosas que, desde meados do século XIX até a primeira década do século XX, vitimaram a cidade. Muitos fatores se associavam e contribuíam para causar estados de calamidade pública, entre eles, existência de cortiços com grande concentração de pessoas, a falta de higiene e o desconhecimento científico sobre a forma de propagação de moléstias[49]. Em uma comunicação do presidente da Câmara Municipal o problema das epidemias veio à tona, quando alguns cônsules e vice-cônsules estrangeiros lhe dirigiram uma representação, solicitando providências que pudessem "cessar o depósito de imundices e matérias fecais nas praias". Eles atribuíam o aparecimento da febre amarela em alguns navios atracados no porto à falta de limpeza do litoral. Em resposta, a Câmara disse que colocaria em prática as medidas corretas no que dizia respeito à limpeza das praias e descarte de

47. Daniel Roche, *História das Coisas Banais: Nascimento do Consumo nas Sociedades do Século XVII ao XIX*, Rio de Janeiro, Rocco, 2000, p. 196.
48. Arnaldo Marques Jr., *op. cit.*, p. 58.
49. Wilma Theresinha F. de Andrade, *op. cit.*, p. 70.

"despejos em terra", utilizando-se de vigias na fiscalização, acrescentou ainda que não havia se descuidado da "salubridade da cidade" ao aterrar e calçar a maior parte das ruas, cobrir os ribeiros e valas públicas, "realizando em extensa área um sistema regular de *drainage*", concluindo que todas as medidas se tornariam ineficazes enquanto não fosse construído o cais por muito tempo reivindicado pelos "interesses do comércio e da saúde pública"[50]. Mesmo não sendo o caso da febre amarela, surgem no período outras moléstias causadas pelo então chamado "envenenamento das águas" que podia ser ocasionado pela falta de tratamento adequado, ausência de uma boa filtragem e fraco controle por parte das autoridades[51]. Um dos momentos mais difíceis para a municipalidade foi o ano de 1889, quando a população foi atingida por cinco tipos de doenças: febre amarela, impaludismo, peste bubônica, varíola e tuberculose. O resultado foi a interdição do porto pelo governo imperial, o que desencadeou protestos da Câmara, ciente dos prejuízos que esse tipo de ação podia causar à cidade portuária e seu comércio[52]. De fato, o problema das epidemias só foi resolvido com as obras de saneamento custeadas pelo Estado no início do século XX[53]. Um projeto de Saturnino de Brito, que incluía, entre outras ações, a separação completa do esgoto das águas da chuva e uma rede de drenagem (canais) superficial para recolher as águas dos rios e das chuvas[54].

50. Ata da CMS, 24 de março de 1876, pp. 43-44.
51. Daniel Roche, *op. cit.*, p. 189.
52. Wilma Theresinha F. de Andrade, *op. cit.*, p. 86.
53. Embora não seja problemática analisada neste trabalho, é necessário sublinhar que, no período em estudo, a concepção de cidade moderna passava pela ideia de cidade saudável. Os planos de sanitarismo incluíam construção de bueiros, espaço para circulação de ar, pessoas e transporte, calçamento, limpeza urbana e também demolições e desalojamentos quando necessários. Santos e seus habitantes tinham que ser incorporados em um processo de modernização que livrasse a cidade da "pecha de cidade insalubre, das sezões e das bexigas". Para tanto, "as classes perigosas" e os cortiços onde moravam passaram a ser considerados como problema sanitário ou policial. A negação de uma Santos colonial e sua transformação em cidade moderna foram argumentos para aqueles que tinham o poder de promover a "ordenação" e o "progresso" da cidade e desejavam intervir no espaço urbano, reprimindo os elementos indesejáveis (Ana Lucia Duarte Lanna, *op. cit.*, p. 26).
54. Wilma Theresinha F. de Andrade, *op. cit.*, pp. 175-175a.

Além das questões ligadas ao saneamento, surge o problema da circulação urbana, ou seja, entre as novas necessidades impostas pelo crescimento do comércio, estava o trânsito dos gêneros e das pessoas pelas ruas da cidade. A cultura material que se desenvolvia em fins do século XIX estava inserida em um processo de crescimento econômico, de novas tecnologias e de maior mobilidade física[55]. A cidade moderna precisava de novos espaços que servissem para seus encontros e atividades, no caso de Santos, as mudanças se tornaram evidentes no seu centro comercial que crescia junto ao porto e à estação da ferrovia São Paulo Railway[56]. A condução de passageiros e cargas era feita em grande parte por carroças até a inauguração dos bondes pela Companhia Melhoramentos, como citado anteriormente. Em pouco tempo, na existência dos dois tipos de transporte de tecnologias distintas – sendo que o bonde era considerado um "progresso" em relação ao antigo sistema de carroças – as primeiras manifestações de descontentamento por parte da empresa encarregada da nova infraestrutura não demoraram a chegar à Câmara Municipal. Em ofício, com base nas Posturas Municipais, a Melhoramentos pediu providências acerca do modo pelo qual era feito o serviço de carroças nas ruas da cidade, "cujos condutores fazem timbre em ostentar desrespeito às Posturas Municipais, e interromper a rapidez indispensável na marcha dos bondes, conservando as carroças por muito tempo atravessadas sobre os trilhos"[57]. Alguns dias depois, a Câmara, em favor da Companhia, pediu ao delegado e ao subdelegado de polícia uma intervenção para a execução do Código a fim de que os embaraços pudessem ter fim[58]. A preocupação com o sentido dos carros pelas ruas era resultado do trânsito que se intensificava no centro comercial, fazendo com que a Câmara promovesse alterações nas direções das vias por meio de editais e por sinais pintados nas esquinas das ruas. A intenção era evitar encontros e atropelamentos[59].

55. Daniel E. Sutherland, *The Expansion of Everyday Life, 1860-1876*, Fayetteville, The University of Arkansas Press, 2000, p. xii.
56. Ana Lucia Duarte Lanna, *op. cit.*, p. 94.
57. Ata da CMS, 29 de outubro de 1872, p. 121.
58. *Idem*, 31 de outubro de 1872, p. 122.
59. *Idem*, 30 de outubro de 1874, p. 196.

As casas comerciais buscavam alternativas para que a circulação nas ruas em que atuavam funcionasse de forma mais eficiente. Entre as soluções para o acesso a determinados pontos da cidade, um requerimento da casa importadora Theodor Wille & C. expôs a necessidade de abertura de uma rua que fosse em direção ao porto, oferecendo os terrenos de sua propriedade para que se efetuasse tal obra[60]. Algumas dessas firmas juntavam-se para pedir a ligação das linhas de bondes, instaladas no centro da cidade, às novas pontes de embarque construídas no porto ou aos armazéns que estavam aos seus serviços nas ruas próximas, como é o caso da F. S. Hampshire & C. que requisitou permissão junto à Câmara para que a empresa City colocasse seus trilhos em comunicação com as pontes à rua Xavier da Silveira (antiga rua dos Quartéis)[61]. Outros fatos apresentados como causadores de problemas à circulação de bondes e carroças foram a ausência de calçamento, ruas muito estreitas e proibição de tráfego de veículos em determinados dias e horários.

O trabalho dos condutores e comerciantes era proibido aos domingos e feriados, no entanto, as mudanças que estavam ocorrendo na cidade também afetaram o funcionamento dessas atividades. Os dias de descanso, feriados nacionais ou religiosos passaram a ser vistos pelo comércio como épocas favoráveis para circulação de gêneros e abertura das lojas. Um requerimento feito por diversos agentes de companhias de vapores pediu a anulação de um artigo do Código de Posturas que proibia o trânsito de carroças nos domingos e dias santificados, "disposição sua que muito prejudica os interesses do comércio, motivando até a diminuição dos paquetes que se destinam a este porto"[62]. Dessa forma, proibições que puniam com multas as casas de comércio que abrissem suas portas aos domingos e dias de festas, fizeram com que pedidos de revogação, da parte dos diversos negociantes, chegassem à administração municipal repetidamente no decorrer dessas últimas décadas. Em 1894, a Câmara, levando em consideração os pedidos dos varejistas, permi-

60. *Idem*, 5 de abril de 1882, p. 215.
61. *Idem*, 14 de agosto de 1889, p. 209.
62. *Idem*, 11 de abril de 1881, p. 73.

Figura 5. *Porto de Santos, Cais do Consulado, 1880. Marc Ferrez, Coleção Gilberto Ferrez, Acervo Instituto Moreira Salles. Na figura notam-se as embarcações atracadas junto às pontes, além de outros pequenos barcos que ajudavam no transporte das mercadorias.*

tiu que as casas comerciais permanecessem abertas até ao meio-dia em domingos e feriados[63].

A conformação do porto também sofreu alterações significativas no transcorrer dos anos investigados. A construção de pontes e o aumento do comprimento das mesmas foram requisições feitas constantemente pelos negociantes ligados ao comércio exterior. Se em um primeiro momento a construção das pontes bastava para receber as embarcações no porto, com a intensificação do comércio marítimo, o seu prolongamento foi a solução encontrada pelas casas de importação e exportação, até que se construísse o cais efetivamente. A iniciativa de construção e prolongamento deste equipamento partia das próprias firmas, que ao enviarem um requerimento à Câmara Municipal, precisavam de um

63. *Idem*, 31 de outubro de 1894, p. 84.

parecer favorável do Capitão do Porto para que se desse a realização da obra no ponto escolhido pelos proprietários.

Esta situação só vai se modificar depois que a empresa encabeçada por J. Pinto de Oliveira, Cândido Gafrée e Eduardo Guinle assinou o contrato com o governo imperial, em 1888, para a construção de um cais na cidade[64], entregando ao tráfego o primeiro trecho do cais construído em 2 de fevereiro de 1892[65]. O trecho provisório correspondia a 260 metros de cais construído junto à estação ferroviária no Valongo, ao qual se agregaram novas partes nos anos posteriores[66].

As pontes, no entanto, não desapareceriam por completo. Elas davam suporte ao embarque e desembarque nos locais onde as obras do porto ainda não haviam chegado, sendo, inclusive, permitido às firmas que construíssem um cais provisório para servir de depósito temporário às mercadorias descarregadas nas pontes de suas propriedades, como é o caso da firma Ed. Johnston & C., que fez um pedido de construção de cais entre suas pontes à rua Xavier da Silveira (antiga rua do Quartel), obrigando-se a entregar a "citada área, sem indenização alguma, aos concessionários das obras dos melhoramentos deste porto, logo que ali cheguem com as respectivas obras"[67]. Elas podiam trazer inconvenientes à salubridade pública, segundo um ofício da Capitania do Porto, "pelo fato de não permitirem elas o livre curso das águas, ficando as matérias orgânicas em decomposição, demoradas no litoral"[68]. O interesse pela construção do cais tornava-se ainda maior quando as firmas não conseguiam resolver problemas como esse e, por consequência, eram impedidas de construir suas pontes. Os comerciantes, mais uma vez, juntavam-se e pediam providências à Câmara, justificando

64. Pedro Manuel Rivaben de Santos Sales, *A Relação entre o Porto e a Cidade e sua (Re)Valorização no Território Macrometropolitano de São Paulo*, São Paulo, Faculdade de Arquitetura e Urbanismo da Universidade de São Paulo, 1999, p. 92 (tese de doutorado).

65. Ata da CMS, 4 de fevereiro de 1892, p. 305.

66. José Ribeiro de Araújo Filho, *A Baixada Santista: Aspectos Geográficos. Santos e as Cidades Balneárias*, São Paulo, Edusp, 1965, vol. 3, p. 34.

67. Ata da CMS, 28 de abril de 1892, p. 344.

68. *Idem*, 19 de maio de 1884, p. 1.

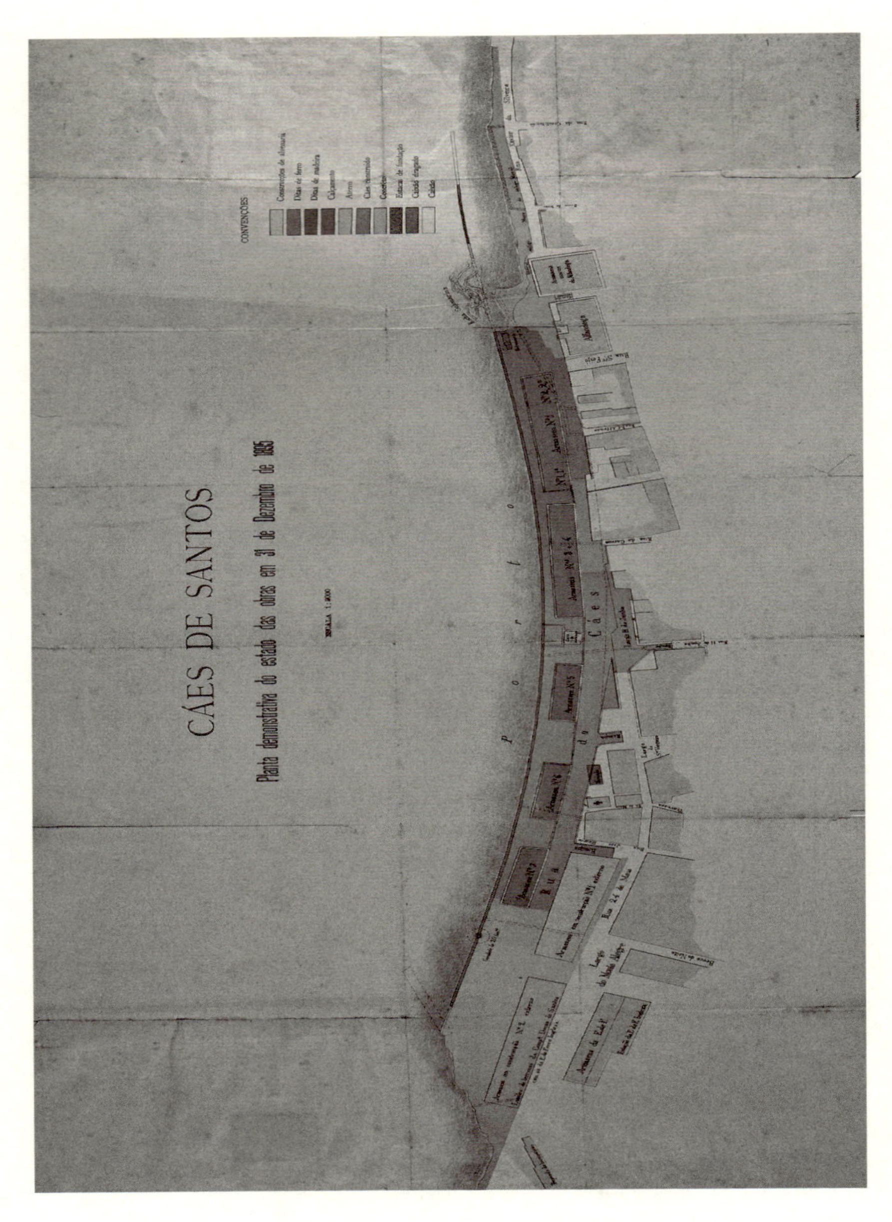

Figura 6. *Cáes de Santos. Planta demonstrativa do estado das obras em 31.12.1895 (Imprensa Nacional. Arquivo Aguirra, Acervo do Museu Paulista da* usp. *Créditos fotográficos: José Rosael/Hélio Nobre). Na imagem são perceptíveis as mudanças geradas pela construção do cais e de armazéns pela Companhia Docas de Santos.*

as obras no cais como "uma das aspirações do comércio e da população em geral"[69].

Integrando-se ao "equipamento portuário"[70] estavam os armazéns de depósitos, como "casas dirigidas por administradores, onde se guardam fazendas e gêneros que têm de ser transportados para outro lugar" e os trapiches, "armazéns à beira d'água, onde se recebem e depositam gêneros comerciais que chegam embarcados. Tais depósitos são alfandegados ou não, e a eles se referem as prescrições do Código Comercial"[71].

Aqueles situados nas ruas do Valongo, próximas ao porto, eram construídos nos fundos e quintais contíguos às casas, alguns com saídas para mais de uma rua, como as ruas Santo Antônio e a da Praia. Aqueles que resistiram à ação do tempo possuíam paredes de alvenaria de pedra e revestimento com argamassa de cal, podendo ser pintados ou revestidos com azulejos[72]. Em alguns requerimentos foram citados outros elementos que ajudaram a compreender a composição desse tipo de edificação, nesses poucos casos, apareceram pedidos para ladrilhar ou colocar telhas de zinco nos armazéns e trapiches.

Outra questão relacionada aos armazéns era que a Câmara Municipal podia designar locais determinados, por meio das Posturas, para o depósito de certos gêneros, em especial, de produtos inflamáveis. Em consequência, pedidos de prorrogação de prazo para o deslocamento dos artigos eram feitos frequentemente pelas firmas importadoras, que alegavam a impossibilidade de obter armazéns nos locais apropriados. Em certos casos, a prorrogação não era concedida e multas eram aplicadas. Foi o caso da firma de importação Wilson, Sons & C., multada em 30$000, ao ter infringido o artigo 105 do Código de Posturas por conta

69. *Idem*, 23 de abril de 1889, pp. 150-151.

70. Wilma Theresinha F. de Andrade, *op. cit.*, p. 102.

71. Bernardino José Borges, *O Commerciante ou Completo Manual Instructivo*, Rio de Janeiro, Eduardo & Henrique Laemmert, 1878, p. 153.

72. Fabio Serrano, "Aspectos da Arquitetura em Santos no Ciclo do Café", em Maria Aparecida Franco Pereira (org.), *Santos: Café e História*, Santos, Leopoldianum/Unisantos, 1995, p. 111.

do armazenamento de produtos inflamáveis, no caso, carvão de pedra em local proibido[73]. O primeiro parágrafo desse artigo dizia:

§1°. Só poderão existir fábricas ou depósitos de pólvora, kerozene, fósforos e fogos de artifício etc. etc. [*sic*] nos locais aprovados pela Câmara, mediante licença, procurando-se tanto quanto possível edifícios isolados para tal fim. Os infratores das disposições deste artigo e seu parágrafo pagarão a multa de 30$, que se repetirão a [*sic*] tenham sido removidos os inflamáveis e mudados os estabelecimentos[74].

A intenção da proibição era de que depósitos, contendo grandes quantidades de artigos inflamáveis, fossem mantidos fora do perímetro da cidade como medida de segurança, a fim de evitar possíveis incêndios nas ruas movimentadas do centro comercial. A exceção era apenas para armazéns ou lojas de venda a varejo. Entretanto, os nomes dos novos locais de armazenamento não corresponderam de imediato às ruas fora do perímetro urbano, mas apenas às mais afastadas da região central.

A partir do estudo das Atas da Câmara foi possível traçar o caminho percorrido pelos gêneros importados ao chegarem ao Porto de Santos. Primeiramente, eles eram descarregados nas pontes ou nos pontões, embarcações que traziam as mercadorias para terra quando não havia vagas nas pontes para os navios[75]. Esta situação permaneceu até que se construísse o cais efetivamente. Uma vez desembarcados, os produtos seguiam rumo aos armazéns de depósito, podendo ser transportados por carroças ou pelos bondes. Dessa forma, pode-se dizer que, espalhadas por ruas comerciais do Valongo, a inserção das firmas importadoras e seus agentes no tecido urbano da cidade se intensificava na medida em que o crescimento da praça comercial santista demandava mais locais para o exercício de seus negócios, como escritórios e armazéns, e também o desenvolvimento dos serviços urbanos, necessários para o funcionamento do comércio exterior realizado a partir do seu porto.

73. Ata da CMS, 20 de abril de 1885, pp. 5-6.
74. Código de Posturas da CMS, 1883.
75. Wilma Theresinha F. de Andrade, *op. cit.*, p. 106.

1.2. As casas importadoras e a praça santista

Em Santos, a atuação das casas importadoras estava vinculada ao comércio exterior e seus desdobramentos sobre a cidade, entre eles, aqueles que davam suporte para sua própria realização, como os já discutidos, aparelhamento portuário, transportes urbanos e os armazéns de depósito. Sobre algumas das atividades profissionais dessas casas comerciais, as queixas sobre a cobrança de impostos, enviadas à Câmara Municipal de Santos, foram reveladoras quanto à multiplicidade de funções exercidas por elas na praça comercial santista. Um desses casos foi o da firma E. Johnston & C. que, por ter reclamado contra o imposto de indústria e profissão que lhe queriam cobrar por ter agência de vapores, acabou por revelar que a própria importadora cuidava do transporte das mercadorias por navio[76]. O estudo do requerimento feito pela Comissão de Justiça, Poderes e Higiene resultou no seguinte parecer:

Considerando que, de conformidade com os precedentes firmados em resoluções anteriores, não podem nem devem ser aplicadas ao caso em questão as determinações do art. 8°. do regulamento para a cobrança dos impostos de indústrias e profissões, em que basearam os peticionários a sua reclamação, porque a palavra indústria empregada naquele artigo, deve ser tomada no sentido restrito referindo-se somente a indústrias análogas ou relativas, sem vida própria e por isso dependentes da indústria principal exercida pela firma coletada; considerando que, as agências de vapores e as de seguros, tem existência própria não dependendo privativamente de outra qualquer profissão ou indústria, tanto assim que existem pessoas que são exclusivamente agente de vapores e agente de seguros; considerando mais que ao prevalecerem as razões expendidas pelos peticionários não só ficariam contrariadas resoluções anteriores, como seria isso injusto com relação aqueles que exercem e pagam impostos de uma só daquelas indústrias ou profissões; considerando finalmente que, por isso mesmo que em um só estabelecimento são exercidas diversas profissões ou indústrias, explora as mesmas pela mesma firma, é de presumir que os lucros e vantagens sejam relativos, e assim sendo, seja justo o pagamento dos

76. Ata da CMS, 19 de janeiro de 1898, p. 9.

impostos respectivos; é a Comissão de parecer que seja indeferido o requerimento de E. Johnston & C.[77]

Com este parecer foi explicitado que uma casa comercial no Porto de Santos, naquele momento, podia exercer múltiplas funções: era possível praticar diversas atividades, entre elas, importação, exportação, agenciamento de vapores e seguros. O valor do imposto variava de acordo com o tipo de estabelecimento. Naquele ano, o imposto de licença para ter casa de importação era de 500$[78]. Na tentativa de relevar algumas dessas cobranças, as firmas apelavam à Câmara, indicando possíveis erros na coleta feita sobre as ocupações que tinham na cidade. Em geral, de acordo com as considerações feitas pela Câmara, a maioria dos pareceres não aprovava a anulação dos respectivos lançamentos, entre os motivos alegados, estavam que as argumentações dos requerentes eram infundadas ou contraditórias no que dizia respeito às atividades exercidas por suas casas comerciais.

Também ocorreram manifestações contra os impostos cobrados sobre produtos comercializados pelas firmas, coletas que deram origem a uma representação por parte de importadores de bebidas alcoólicas, "ponderando que sérios embaraços resultariam para o comércio", caso se fizessem as cobranças pretendidas[79]. Em outro parecer, desta vez, relativo a uma representação que reunia diversos comerciantes, comissários e importadores de álcool e aguardente, a Comissão de Justiça da Câmara de Santos alegou que o direito de diminuição e redução de impostos de líquidos e bebidas alcoólicas, cobrados por intermédio da alfândega, estava vedado devido ao contrato de empréstimo realizado com banqueiros em Londres, no qual, em uma das cláusulas, foi estipulado que

77. *Idem*, 18 de maio de 1898, pp. 55-56.

78. *Idem*, 1897, p. 9. Orçamento da receita da CMS para o exercício de 1898 (anexo). Observe-se que até o ano de 1891, a arrecadação do imposto de indústrias e profissões, aplicado sobre as atividades urbanas exercidas no limite dos municípios, fossem elas de natureza industrial, comercial ou ligadas a profissões liberais, ficava a cargo da Província (cf. Marisa Midori Deaecto, *op. cit.*, pp. 121-125).

79. *Idem*, 2 de outubro de 1875, p. 32.

tais impostos seriam hipotecados como garantia[80]. Aliás, empréstimos à Câmara podiam partir das casas de importação situadas na cidade, como foi o caso das firmas Theodor Wille & C. e Augusto Leuba & C. As dívidas contraídas com as respectivas casas a administração municipal também liquidou com o dinheiro de impostos[81].

A atividade consular foi mais um campo de atuação desses negociantes. Ela mereceu destaque, entre os diversos ofícios enviados à Câmara, não somente pela quantidade e variedade de países representados, mas também pelo fato de algumas dessas representações serem feitas por agentes ligados às casas de importação. Sobre essa questão, Malerbi dá alguns dados sobre o comércio francês. O estabelecimento de relações comerciais entre França e Brasil, vinculou-se, em um período anterior, a criação de relações políticas entre os dois Estados, fato que resultou em um acompanhamento sempre próximo do serviço consular ao fluxo comercial que se desenvolvia entre as duas nações. A estreita ligação entre negócios consulares e negócios comerciais foi observada por Malerbi, que ratificou a assertiva com alguns exemplos de representantes do governo francês atuando também como comerciantes em algumas cidades brasileiras, como o Rio de Janeiro e Belém do Pará[82]. Ainda sobre as relações comerciais França-Brasil, Vanessa dos Santos Bodstein Bivar explicou que um dos objetivos dos cônsules e agentes consulares era informar o seu país sobre as oportunidades de crescimento do comércio nas cidades onde estavam instalados e nas demais localidades sob jurisdição do respectivo consulado. Essa comunicação era feita por relatórios e cartas destinadas ao Ministério dos Negócios Estrangeiros na França. Além das preocupações principais voltadas para o comércio e para navegação mercante, esses homens também podiam cuidar dos interesses dos cidadãos franceses estabelecidos no Brasil, como vistos de passaporte, certificados de origem, inventários, etc. Sobre a Província de São Paulo, especificamente, a autora afirmou que havia na região

80. *Idem*, 31 de outubro de 1895, pp. 25-26.
81. *Idem*, 24 de março de 1897, p. 23.
82. Eneida Maria Cherino Malerbi, *op. cit.*, pp. 61-63.

agentes consulares situados junto ao Porto de Santos e na cidade de São Paulo, todos subordinados ao Consulado do Rio de Janeiro. Foi no final do século XIX que a capital paulista recebeu um consulado permanente, passando a controlar também as agências do Paraná, Santa Catarina e Rio Grande do Sul. No caso de serem nomeados comerciantes para este tipo de atividade, Bivar deduziu que tal seleção refletia um interesse por parte do governo francês em economizar nas despesas de manutenção do representante consular em outro país, além de que os negociantes detinham maior conhecimento e experiência comercial sobre o local em que atuavam[83].

Em Santos, os países cuja representação consular podia ser encontrada na cidade eram Itália, Bélgica, Áustria, Hungria, Suécia, Noruega, Dinamarca, Holanda, França, Alemanha, Inglaterra, Estados Unidos, Bolívia, Chile, Uruguai e Argentina. As relações comerciais estabelecidas entre esses países e o Brasil certamente variavam entre si, entretanto, notam-se algumas semelhanças ao caso francês, como o fato de os nomes de alguns agentes consulares também estarem ligados a firmas comerciais, em especial, as de importação: D. Pezoldt da firma D. Pezoldt & C., representante da Itália[84]; Carlos Budich da firma C. Budich & C., representante da Bélgica, Áustria, Hungria, Suécia, Noruega, Dinamarca e Holanda[85]; Adam Bulow[86] e Antônio Zerrenner[87] da casa Zerrenner Bulow & C., representantes da Bélgica, Dinamarca, Suécia, Noruega, Áustria e Hungria; Francis Hampshire da firma F. S. Hampshire & C., representante da Grã Bretanha[88]; Luiz José de Mattos da firma L. J. de

83. Vanessa dos Santos Bodstein Bivar, *Vivre à St. Paul: Os Imigrantes Franceses na São Paulo Oitocentista*, São Paulo, Departamento de História da Faculdade de Filosofia, Letras e Ciências Humanas da Universidade de São Paulo, 2007, pp. 111-115 (tese de doutorado).

84. Ata da CMS, 4 de janeiro de 1870, p. 17.

85. *Idem*, 6 de junho de 1870, p. 70.

86. *Idem*, p. 34. Nomeado como substituto de C. Budich que se ausentou da cidade para ir à Europa.

87. *Idem*, 23 de setembro de 1878, p. 115. Substituindo Adam Bulow que havia se retirado temporariamente do cargo para ir à Europa.

88. *Idem*, 23 de setembro de 1887, p. 1.

Mattos & C., representante de Portugal[89]; Rudolfo Wahnschaffe da firma R. Wahnschaffe & C., representante da Suécia e Noruega[90] e W. T. Wright da firma W. T Wright & C., representante dos Estados Unidos[91].

Nos jornais santistas também foram publicados diversas ações que os agentes situados em Santos podiam se prestar a realizar nos vice-consulados instalados na cidade. O vice-consulado da França, por exemplo, fez público o falecimento de um súdito francês, chamado Pedro Savary, convidou os seus credores e devedores a comparecerem no local para acertarem as devidas contas, assim como para participarem do leilão dos bens do seu espólio. Por conta de um brigue austro-húngaro que afundou no porto, o vice-consulado da Áustria e Hungria tomou algumas medidas, em um primeiro momento, anunciou que recebia propostas para salvar a embarcação como um empréstimo para cobrir as despesas já feitas e a fazer, alguns dias depois, divulgou a venda em hasta pública do navio com os seus pertences[92]. No idioma português e em alemão foi anunciado pelo Consulado Imperial da Alemanha o casamento entre dois jovens nascidos em Hamburgo e moradores de Santos[93]. O vice-consulado de Portugal também se manifestou nos periódicos da cidade, entre outros anúncios, convidou os súditos portugueses residentes no respectivo distrito consular a apresentarem seus passaportes ou outro tipo de documento de identidade para fazerem uma matrícula grátis a qual dava a eles o direito de proteção conferido pelas leis do Reino. As informações eram de que a matrícula facilitaria as relações com as autoridades portuguesas e as brasileiras, sempre que eles carecessem de proteção, auxílio ou benefício dependente da respectiva autoridade consular[94]. Havia, portanto, um esforço para aumentar a credibilidade nos negócios com empresários estrangeiros, bem como para formalizar a relação desses empresários com seus respectivos consulados.

89. *Idem*, 27 de junho de 1889, p. 187.
90. *Idem*, 10 de setembro de 1885, p. 1.
91. *Idem*, 18 de abril de 1871, pp. 66-67.
92. *Diário de Santos*, 1873.
93. *Idem*, 1879.
94. *Idem*, 1885.

A origem da Associação Comercial de Santos também se insere neste contexto de transformação da praça comercial santista em fins do século XIX. Os estatutos da Associação foram aprovados no dia 7 de junho de 1871 juntamente com a autorização por decreto imperial para que ela começasse a funcionar[95]. O ofício confirmando sua instalação oficial chegou à Câmara em 1874: "Ofício da Diretoria da Associação Comercial desta praça datado de 14 do corrente mês, participando que autorizada por decreto n. 4738 de 7 de junho de 1871, foi instalada essa Associação em 17 de setembro próximo passado"[96].

Embora os seus estatutos fizessem referência a qualquer tipo de comércio, o que predominou nos primeiros cinquenta anos da entidade foram preocupações ligadas ao comércio importador e exportador, em especial, a exportação de café. Os comerciantes nacionais ou estrangeiros, ligados a esses ramos de negócios, podiam ser contribuintes e honorários, podendo ambos concorrer a cargos eletivos. Os demais pertenciam à outra modalidade de sócios, os chamados assinantes, que gozavam dos direitos estatutários, mas não podiam se candidatar aos cargos. Sua constituição, portanto, teve a cooperação predominante de indivíduos escolhidos entre aqueles do grupo comercial dos exportadores e importadores[97]. Como a maioria das firmas ligadas a esse ramo de negócios era constituída por estrangeiros, até o início do século XX, era comum a presença dos mesmos exercendo diferentes cargos na Associação, entre eles, destacam-se as atividades de tesoureiro, exercida por D. Pezoldt em 1877-78 e 1879-80; direção, A. Bulow em 1877-78 e 1883-84, A. Zerrenner em 1885-86, F. S. Hampshire em 1883-84 e 1891-92 e Adolph Trommel em 1887-88; secretário, A. Trommel em 1883-84[98], com exceção da presidência que devia estar a cargo de um brasileiro. Essa composição só se modificou a partir de 1904, quando a participação de brasileiros e estrangeiros se equilibrou, principalmente no cargo de diretor[99]. Nas

95. *Boletim da Associação Comercial*, 1908.
96. Ata da CMS, 27 de outubro de 1874, p. 187.
97. Maria Aparecida Franco Pereira, *op. cit.*, pp. 62, 66.
98. *Boletim da Associação Comercial*, 1908.
99. Maria Aparecida Franco Pereira, *op. cit.*, p. 68.

décadas seguintes, a participação da Associação Comercial de Santos apareceu constantemente nas obras de propaganda que se referiam à cidade, sempre valorizada pelos seus serviços estatísticos, pelos resumos que publicava periodicamente sobre o movimento comercial da praça santista e por outras atividades de grande valia que prestava aos comerciantes, industriais e empresários agrícolas[100].

* * *

Pode-se dizer que as três últimas décadas do século XIX corresponderam a um período de desenvolvimento da cidade de Santos e de seu comércio. As mudanças na economia mundial se fizeram refletir no principal porto da Província de São Paulo e, instalados com seus escritórios na cidade, os importadores estavam inseridos neste contexto de transformação. Entre diversos problemas enfrentados nas práticas do comércio exterior, notou-se que a atuação desse grupo de comerciantes junto à administração municipal foi decisiva para que suas necessidades pudessem ser atendidas, fazendo com que este tipo de comércio interviesse na transformação do centro comercial santista, ao necessitar de suportes materiais para que suas atividades se realizassem. Foi o que se constatou através dos vários requerimentos feitos à Câmara Municipal de Santos, manifestando a necessidade de licenças para construção de pontes, armazéns, pedindo providências para os problemas ligados ao transporte urbano e ao porto. Os diversos periódicos, livros de propaganda, manuais de comércio ajudaram a entender melhor a atuação desses agentes como empresários ligados ao comércio exterior, exercendo outras atividades que ajudavam a promover os seus negócios, sejam elas em consulados ou na Associação Comercial de Santos. Algumas dessas trajetórias empresariais puderam ser reconstituídas, além da variedade de produtos que cada firma importava, com a sua

100. *Álbum São Paulo Moderno*, vol. 1, Empreza Editora, 1919, p. 43; Reginald Lloyd, *op. cit.*, p. 714; Société de Publicité Sud-Américaine Monte-Domecq, *O Estado de São Paulo*, Barcelona, Estabelecimento Graphico Thomas, 1918, p. 147.

publicidade, impregnada por certos valores e funções que envolviam a comercialização desses artigos estrangeiros na cidade, assuntos esses que serão tratados nos próximos capítulos.

C A P Í T U L O 2

As Casas Importadoras e suas Trajetórias Empresariais

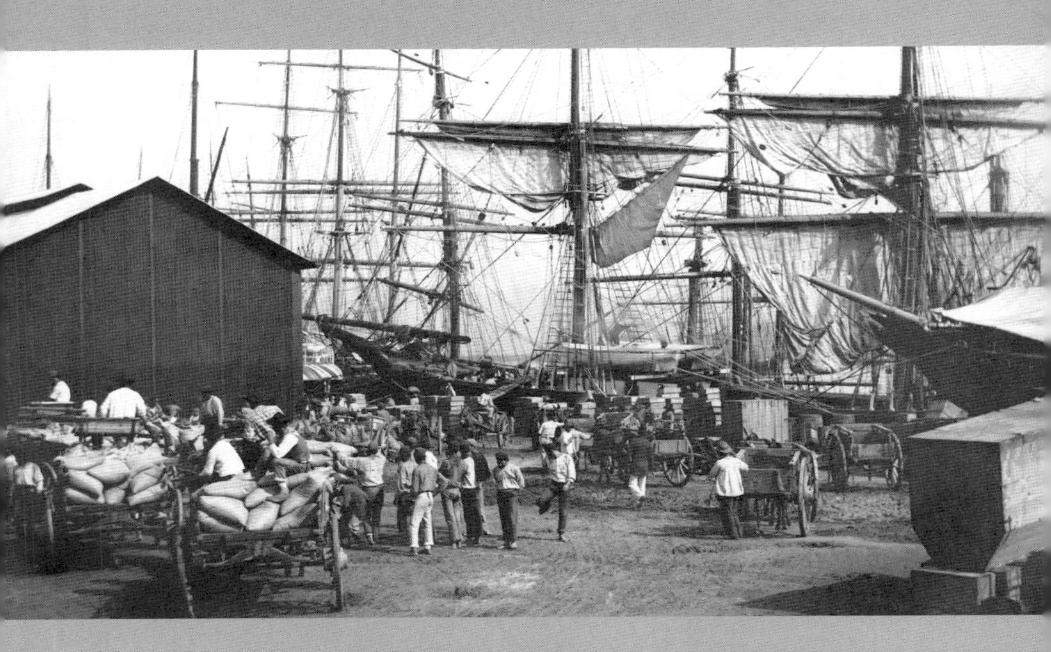

Página anterior: *Porto de Santos, Cais do Valongo, embarque de café, 1889. Marc Ferrez, Coleção Gilberto Ferrez, Acervo Instituto Moreira Salles.*

A importação de produtos com destino à Província de São Paulo se realizava através das casas importadoras de Santos, envolvidas em diversas atividades ligadas ao comércio exterior. Existia uma série de ações que precisavam ser realizadas por estes negociantes e suas firmas para que este tipo de comércio se concretizasse, já que ele envolvia, entre outras atividades, fretamento de navio, consignações, despacho de mercadorias, armazenamento. No capítulo anterior, foram tratadas as questões que envolviam a infraestrutura da cidade, levantadas e discutidas, sobretudo através dos requerimentos enviados à Câmara Municipal pelas firmas importadoras. Na intenção de esclarecer outros pontos sobre a organização deste comércio, o estudo de manuais da época, almanaques e obras de propaganda, como os livros *Impressões do Brasil no Século* XX e *Álbum São Paulo Moderno*, trouxe contribuições através de um vasto conteúdo que contém definições sobre as atividades e ofícios exercidos nas praças comerciais brasileiras, assim como elementos aos quais os negociantes deveriam estar atentos na prática de suas atividades, além das próprias trajetórias das companhias de navegação e das casas importadoras.

Inseridos em um processo de transformação urbana, da qual também eram atores, os importadores procuraram desenvolver suas firmas junto ao porto santista, exercendo uma ou mais funções dentro do sistema de comércio da segunda metade do século XIX. Uma delas era o agenciamento de vapores na cidade. Como representantes de companhias de navegação, cujas rotas de comércio incluíam diferentes portos pelo mundo, esses negociantes ajudaram a estabelecer novas relações comerciais entre os brasileiros e ingleses, alemães, franceses, além de outras nacionalidades que serão tratadas ao longo deste texto. Devido ao seu desenvolvimento e internacionalização, o porto santista passou a ser anunciado de forma mais frequente na publicidade do período, como ponto de parada dos navios que realizavam essas linhas comerciais, dominadas por grandes empresas estrangeiras de navegação mercante, foi por isso que os escritórios de importação se instalaram e cresceram em diversas ruas do centro da cidade, interessados em fazer crescer os seus negócios. Este não foi um processo que teve início no final dos Oitocentos, mas foi nas suas últimas décadas que ele se intensificou, acompanhando as mudanças ocorridas na economia paulista.

2.1. Companhias de navegação mercante e suas rotas de comércio

Em 1878, o autor Bernardino José Borges, que se apresentava como ex-inspetor de várias alfândegas, informava em seu livro *O Commerciante ou Completo Manual Instructivo* que o comércio marítimo estrangeiro abrangia o de importação, o de exportação e o de trânsito. O comércio de importação era aquele de produtos que, transportados de países estrangeiros, eram despachados para consumo no país importador. Existiam ainda outras formas de trânsito comercial, conhecidas como reexportação e baldeação, nas quais as mercadorias importadas com destino ao Brasil eram reexportados para outro porto nacional ou estrangeiro, antes de pagar os devidos impostos de consumo. Borges indicou ainda que o comércio marítimo compreendia três espécies distintas, o de comércio de longo curso ou internacional, o comércio de cabotagem ou interprovincial e o comércio costeiro. A atividade de importação, portanto, tinha início no comércio de longo curso que se realizava por mar entre países de nacionalidades diferentes, sendo que, ao chegar aos portos brasileiros, os produtos ainda poderiam ser transportados para outras praças do país pelo comércio de cabotagem, realizado por mar entre as diversas províncias do Estado e pelo costeiro ou de pequena cabotagem, realizado por mar entre praças diferentes da mesma província[1]. Em re-

1. Bernardino José Borges, *O Commerciante ou Completo Manual Instructivo*, Rio de Janeiro, Eduardo & Henrique Laemmert, 1878, pp. 381-382.

lação ao comércio de cabotagem, os brasileiros tiveram o seu privilégio abolido entre os anos de 1866 e 1892, ou seja, neste período a navegação mercante pela costa brasileira não era mais restrita aos navios nacionais, direito este que o governo republicano restaurou e acabou por consagrar na sua Constituição de 1891[2].

Se o comércio de cabotagem era protegido pelo governo brasileiro com a intenção de desenvolver as companhias nacionais, as rotas de longo curso eram dominadas por navios de bandeira estrangeira que pertenciam a grandes companhias de navegação marítima. A trajetória de algumas delas acompanhou o desenvolvimento do comércio de seus respectivos países de origem e os agentes que as representavam no Brasil eram muitas vezes da mesma nacionalidade dessas empresas. Segundo o *Manual Mercantil,* agente significava estar encarregado da administração de um estabelecimento cuja metrópole era em outro ponto[3].

Ao tratar do comércio marítimo americano e europeu, Malerbi trouxe à discussão dados mais gerais que ajudaram a elucidar sua organização. Navios ingleses, franceses e norte-americanos passavam pela costa brasileira tanto para, ao dobrar o Cabo Horn, chegarem ao Chile e ao Peru, assim como para seguirem em direção ao Extremo Oriente. Dessa forma, Rio de Janeiro, Recife e Salvador constituíam pontos de escala dos navios que iam para os portos dos países da América do Sul ou que deles partiam, encaminhando-se para a Europa ou para a costa leste dos Estados Unidos. Os portos brasileiros do sul, portanto, serviam como bases de apoio ao comércio internacional devido à estratégica comunicação que tinham com a região platina e o Peru[4]. Sobre as companhias de navegação europeias a referida autora escreveu que, durante os primeiros cinquenta anos do século XIX, ocorreu uma certa divisão de trabalho entre firmas armadoras e firmas comerciais, ou seja, os comerciantes

2. Reginald Lloyd, *op. cit.*, pp. 270-271. Trata-se do artigo 13 da Constituição de 1891, parágrafo único, "a navegação de cabotagem será feita por navios nacionais". Disponível em: <http://www.planalto.gov.br/ccivil_03/constituicao/constituicao91.htm>. Acesso em: 8 de jul. 2015.

3. Veridiano Carvalho, *Manual Mercantil: Enciclopédia Elementar do Comércio Brasileiro*, Rio de Janeiro, Companhia Tipografica do Brasil, 1900, p. 300.

4. Eneida Maria Cherino Malerbi, *op. cit.*, pp. 23-24.

Figura 7. *Mapa publicado pela Royal Mail mostrando suas rotas para as Índias Ocidentais, para o Brasil e o Prata (José Carlos Rossini,* Rota de Ouro e Prata, *São Paulo,* GPO *Produções, 1995, p. 20). O mapa ilustra as rotas da companhia inglesa Royal Mail Steam Packet que, a partir da segunda metade do século* XIX, *incluiu no seu itinerário cidades portuárias brasileiras como Rio de Janeiro e Santos.*

permaneceram somente com seus negócios, enquanto os armamentos dos navios ficaram a cargo de pessoas do ramo que possuíam um conhecimento mais específico. Assim, esta última atividade deu origem a reais empresas vinculadas aos transportes marítimos. Quando os comerciantes precisavam enviar ou receber mercadorias, faziam-no mediante um preço, o chamado frete[5]. Os manuais de comércio, publicados no Brasil,

5. *Idem*, p. 69.

também chamavam a atenção para os fretes: o *Manual Instructivo* alertava que o fretamento para os portos da França regulava-se pelas tarifas do Havre e Marselha[6], já o *Manual Mercantil* descreveu que o frete era uma quantia que devia ser paga pelo fretador[7].

O comércio marítimo do século XIX foi incrementado com a ajuda das inovações tecnológicas no setor, como os navios a vapor. Foi somente a partir de 1850 que este tipo de embarcação começou a aportar em Santos, fato que pode ser considerado uma revolução no sistema de importação e exportação daquele período, favorecendo as relações comerciais que se estabeleciam entre o Brasil e outros países[8]. Os primeiros a oferecer um serviço regular de vapores, que partiam da Europa em direção aos portos brasileiros, foram os ingleses da Royal Mail Steam Packet Company, nos anos 50 dos Oitocentos. O motivo de serem os pioneiros nesta rota pode ser explicado, segundo Richard Graham, pelo controle que a Grã-Bretanha tinha do comércio marítimo do café brasileiro, fato que deu a ela oportunidades na economia exportadora-importadora do país. No caminho de volta, os navios britânicos que conduziam as exportações brasileiras para diversos portos do mundo chegavam carregados de produtos estrangeiros. Os importadores britânicos situados em cidades portuárias, como Santos, podiam ser também os agentes das companhias marítimas britânicas, as quais eram utilizadas pelos exportadores ingleses para transportar as mercadorias por eles comercializadas[9].

A Royal Mail, cujas atividades se iniciaram em 1839, começou a prestar o serviço para o Brasil em 1851. Seus navios tinham como destino final o porto do Rio de Janeiro quando, em 1869, a concorrência com as companhias francesas promoveu a extensão da linha até Montevidéu e Buenos Aires. Finalmente, em 1878, Santos foi incluída em seu

6. Bernardino José Borges, *op. cit.*, p. 180.
7. Veridiano Carvalho, *op. cit.*, p. 301.
8. Maria Luiza de Paiva Melo Moraes, *Atuação da Firma Theodor Wille & Cia. no Mercado Cafeeiro do Brasil, 1844-1918*, São Paulo, Departamento de História da Faculdade de Filosofia, Letras e Ciências Humanas da Universidade de São Paulo, 1988, p. 34 (tese de doutorado).
9. Richard Graham, *Grã-Bretanha e o Início da Modernização no Brasil, 1850-1914*, São Paulo, Brasiliense, 1973, p. 94.

itinerário. A companhia escolheu como porto de origem a cidade de Southampton de modo a facilitar a celebração de seus contratos postais, entretanto, esta atitude provocou os comerciantes de Liverpool que já haviam realizado experiências anteriores com a navegação a vapor para o Brasil. O resultado dessa disputa foi a criação de uma linha rival que não obteve sucesso. Na década de 1860, contudo, a casa comercial Lamport & Holt de Liverpool deu início a um serviço regular entre Brasil e Grã-Bretanha e, em 1865, foi fundada a Liverpool, Brazil and River Plate Steamship Company, referida por vezes somente como Lamport & Holt. Devido aos negócios do café na cidade de Liverpool, esta foi a primeira linha de navios a vapor que começou a fazer escala no porto santista, assim como nas cidades de Nova Iorque e Nova Orleans, nos Estados Unidos. Nas décadas seguintes, a Royal Mail conquistou importante participação financeira na Lamport & Holt e na The Pacific Steam Navigation Company, que também faziam o serviço periódico entre a Europa Ocidental e os portos americanos do sul. Um dos resultados desse crescimento foi a considerável ampliação da sua frota marítima, chegando a dobrar o número de navios ao longo das décadas[10].

Nos almanaques paulistas, a partir da década de 70 dos Oitocentos, os anúncios que envolviam o comércio marítimo passaram a ser em maior número e com mais dados informativos. Além dos nomes das companhias e dos seus agentes, podiam aparecer os portos de escala, a quantidade de vapores que realizavam a rota, sua regularidade e os preços de passagens das 1ª. e 2ª. classes. A regularidade do serviço para Santos, indício de que o porto santista assumia uma posição relevante para a empresa, pode ser identificada neste anúncio da Brazil and River Plate Steamship Company: "Chega todos os meses um grande vapor com gêneros, e sai carregado para Liverpool e Lisboa com café e algodão"[11], ou seja, o navio que levava os produtos agrícolas brasileiros para portos estrangeiros era o mesmo que trazia os produtos manufaturados para o país. Os agentes também ganhavam destaque nos anúncios, sendo as

10. *Idem*, pp. 94-96; *Álbum São Paulo Moderno*, Empreza Editora, 1919, vol. 1, pp. 68-69.
11. *Almanak da Província de São Paulo*, 1873.

firmas F. S. Hampshire & C. na rua 25 de Março (antiga rua Direita), representante da Brazil and River Plate e a Holworthy, Ellis & C. na rua Santo Antônio, agente da Royal Mail, ambas situadas em Santos[12]. Do outro lado do Atlântico, as companhias de navegação enviavam impressos e cartas como forma de publicidade ou ofertas de seus serviços e preços, como é o caso da The Pacific Steam Navigation Company, que informava à manufatura francesa de porcelanas Haviland, que prestava um serviço postal acelerado na América do Sul[13].

As obras de propaganda também ressaltaram as duas empresas de navegação que faziam o comércio marítimo França-Brasil, eram elas, a Société Générale de Transports Maritimes à Vapeur e a Compagnie des Chargeus Réunis. A primeira foi fundada em 18 de março de 1865, com o capital de vinte milhões de francos e com o objetivo principal de transportar minério de ferro da Argélia para usinas metalúrgicas francesas. No final da década de 1860, em 1867, foi estabelecida uma linha entre Marselha e os portos do Brasil e da região do rio da Prata. O crescimento da empresa fez com que ela se transformasse em sociedade anônima ainda na década de 70 dos Oitocentos, chegando ao ano de 1882 com uma frota de dezessete vapores. Em 1895, quando se encerraria o prazo de duração da companhia, de acordo com os seus estatutos, sua permanência no comércio marítimo internacional foi prorrogada por um período de mais trinta anos[14]. A Société Générale teve agentes situados em Santos e em São Paulo. Em 1887, a empresa anunciava três deles: A. Leuba & C., rua 25 de Março (antiga rua Direita), em Santos, Fischer, Fernandes & C., rua da Imperatriz (Casa Garraux) e D. Calde-

12. *Almanach da Província de São Paulo*, 1887. Alguns desses nomes ligados às companhias de navegação se repetiram nas listas e em descrições mais detalhadas sobre casas de importação do período, divulgadas nos almanaques e nas obras de publicidade. Essas serão tratadas novamente no decorrer do texto.

13. *Archives Departementales de la Haute-Vienne*, Archives de la Manufacture de porcelaines Haviland, série 23J147 – "Correspondance reçue des expéditeurs (par mer), 1899-1904", *apud* Heloisa Barbuy, Relatório para a Fapesp referente a programa de pós-doutorado junto à Université de Paris IV, Centre André Chastel, out.-dez. 2005, p. 15.

14. Reginald Lloyd, *op. cit.*, p. 293.

FIGURA 8. *Este navio da Société Générale, de nome France, registrado em forma de cartão postal, tinha comprimento de 121 metros, largura de 12,8 m, velocidade média de 14 nós, tonelagem de 4269 e podia receber até 1190 passageiros. O ano de sua primeira viagem na rota que incluía o Brasil foi 1897 (José Carlos Rossini,* Rota de Ouro e Prata, *São Paulo,* GPO *Produções, 1995, pp. 50-51).*

raro, rua Direita em São Paulo, todos situados em regiões centrais e do alto comércio das duas cidades[15].

A sociedade francesa de navegação Chargeus Réunis, fundada em 1872, tinha como objetivo expedir as mercadorias de origem francesa a partir do Porto de Havre, buscando competir com outros armadores que também faziam o comércio entre a França e América do Sul. Como outras companhias estrangeiras, a empresa buscou estabelecer um serviço regular de vapores para o Brasil, tendo como ponto de saída o Porto de Havre e com escalas em Lisboa, Rio de Janeiro e Santos. Havre na França, assim como Liverpool na Grã-Bretanha, eram os grandes mercados

15. *Almanach da Província de São Paulo*, 1887.

Figura 9. *Postal que registrou um dos navios da companhia Chargeus Réunis saindo do Porto de Havre, cuja viagem inaugural na rota se deu no ano de 1888. A embarcação de nome Paraguay media 113 m de comprimento, 12 m de largura, atingia uma velocidade média de 12 nós, uma tonelagem de 3 550 e podia receber até sessenta passageiros (José Carlos Rossini,* op. cit., *pp. 76-77).*

do café. Devido a acordos feitos com companhias nacionais de cabotagem, a Chargeus Réunis passou a operar, inclusive, no transporte pela costa brasileira, aceitando fretes para diversos outros portos brasileiros[16].

No almanaque para o ano de 1884, tem-se o seguinte anúncio "Tem dois vapores por mês para o Havre com escalas pelo Rio de Janeiro, Bahia, Pernambuco e Lisboa", sendo que seu agente era a mesma firma que lidava com os fretes da Société Générale, a A. Leuba & C.[17] A casa

16. Os portos eram de Pernambuco, Maceió, Aracajú, Bahia, Vitória, Antonina, Paranaguá, São Francisco, Itajuhy, Florianópolis, Rio Grande, Pelotas e Porto Alegre, contudo, não deviam fazer parte de rotas regulares da Companhia, visto que eram acordos feitos com empresas de cabotagem no Brasil (*Álbum São Paulo Moderno*, pp. 65-67).

17. *Almanach Província de São Paulo*, 1883.

teria assumido o agenciamento da companhia de navegação assim que ela inaugurou a rota para o Brasil, em 1872.

As companhias de navegação alemãs, italianas, austríacas, espanholas, húngaras e norte-americanas também estavam presentes com navios e agentes em Santos ao longo deste período. Duas empresas alemãs citadas mais recorrentemente nos almanaques da época foram a Norddeutsher Lloyd e a Hamburg Südamerikanische. A primeira tinha como ponto de partida o Porto de Bremen e ainda fazia escalas pelo Rio de Janeiro, Bahia, Lisboa, Antuérpia e Hamburgo. Seu agente era a firma Zerrenner, Bulow & C., com endereço na rua José Ricardo (antiga rua do Sal) em Santos. A segunda, também conhecida como Hamburg Süd, partia de Hamburgo e fazia escalas no Rio de Janeiro, Bahia e Lisboa. A firma inglesa, Ed. Johnston & C. a representava em Santos na rua Santo Antônio[18]. Os vapores das companhias italianas cumpriam rotas entre os portos de Santos e os de Gênova e Nápoles, as austro-húngaras, Trieste; as espanholas, Vigo, Barcelona, entre outras cidades. Havia ainda aquelas rotas de vapores que não eram publicadas nos almanaques por serem considerados "de carreira incerta"[19].

Algumas destas companhias, ao se lançarem em novos serviços marítimos, podiam sofrer forte concorrência de outras empresas que estavam operando há vários anos nas mesmas rotas. Foi o caso das alemãs e francesas que, conforme ampliavam suas linhas, deparavam-se com a antiga presença inglesa em portos americanos. Pode-se citar, como exemplo, o caso da Hamburg Süd, que ao iniciar uma nova linha da América do Sul para os portos de Nova Iorque e Nova Orleans, sofreu uma grande concorrência das companhias inglesas Prince Line e Lamport & Holt, que queriam garantir exclusividade no serviço para os Estados Unidos[20].

18. *Almanach do Estado de São Paulo*, 1890.
19. *Almanach da Província de São Paulo*, 1883; *Almanach do Estado de São Paulo*, 1890; Reginald Lloyd, *op. cit.*, p. 271.
20. Maria Luiza de Paiva Melo Moraes, *op. cit.*, p. 133.

2.2. Importadores, suas firmas e seus negócios

A atividade de importação demandava um conhecimento prévio sobre o mercado do país em que se instalava uma firma importadora, por isso aquele que desejava trabalhar na área procurava por alguma experiência anterior, no Brasil mesmo, até se lançar como sócio em alguma casa comercial do gênero. Nas considerações que seguem estão presentes algumas das questões pelas quais o importador deveria estar sempre atento, "deve o importador conhecer quanto aos elementos para o cálculo de preço", "considerar quanto aos elementos suscetíveis de as sujeitar o seu preço a oscilações" e ainda, "a época por exemplo mais apropriada para as importações é indicada por uma alta geral dos preços dos artigos e produtos nacionais. A baixa dos preços, ao contrário, dá impulso às exportações e diminui as importações"[21]. Este amplo conhecimento do mercado, a que Warren Dean chamou de "onisciência" do importador era um diferencial desse grupo de comerciantes em relação aos atacadistas e outros empresários da época[22]. Eles precisavam de fato entender as oscilações dos direitos aduaneiros e sua aplicação para realizarem seus negócios e garantir seus lucros.

O estudo de alguns casos significativos, interligando pesquisas já existentes com as investigações feitas ao longo deste trabalho, possibilitou entender melhor o caminho percorrido por esses homens ligados ao comércio de importação, desde a chegada ao Brasil, formação das sociedades, suas práticas comerciais até os principais produtos que tinham interesse em importar. Segundo o *Manual Mercantil*, uma firma era um "conjunto de nomes de pessoas que indica uma sociedade comercial"[23]. Dentre cem firmas importadoras mapeadas, cerca de sessenta delas tinham pelo menos um nome estrangeiro. Sobre os imigrantes que se voltaram para as atividades comerciais na região, Dean afirmou que

21. Belmiro Pedro, *O que Todo Commerciante Deve Saber*, Rio de Janeiro, F. Briguiet, s.d., pp. 41-44.
22. Warren Dean, *A Industrialização de São Paulo (1880-1945)*, 4. ed., São Paulo, Difel, 1991, p. 28.
23. Veridiano Carvalho, *op. cit.*, p. 301.

muitos deles chegaram já com alguma forma de capital, sejam economias de algum comércio realizado anteriormente na Europa, estoques de produtos, ou, de maneira mais focada, com o intuito de instalar uma filial de sua firma no Brasil[24]. A própria condição de serem estrangeiros podia favorecê-los no comércio, desde as várias possibilidades em manter contatos com os fabricantes no exterior, assim como, o modo como eram vistos nas cidades paulistas, como verdadeiros "representantes da civilização, portadores das suas matrizes, pontes pelas quais chegavam as maravilhas fabricadas fora"[25]. Assim, seus negócios contaram com vantagens econômicas e culturais para prosperar.

Na tentativa de reconstruir as trajetórias de algumas dessas firmas, percebeu-se que, dentre as possibilidades de atuação, não estava somente o comércio importador, mas também o exportador, ambos interligados. De sócios de casas importadoras, agentes de companhias de navegação a proprietários de fazendas e exportadores de produtos agrícolas de grande valor no mercado internacional, este grupo formava "a elite da classe comercial"[26] e, nestas circunstâncias, buscou expandir seus negócios e diversificar seus investimentos à medida que as chances de conquistar novos lucros tornavam-se possíveis em centros comerciais como Santos. Neste caso, o comércio cafeeiro foi o que impulsionou as conexões do porto santista com o mundo, abrindo suas portas tanto para a saída desse artigo como para a entrada dos manufaturados. Por consequência, em seus percursos empresariais, dificilmente deixam de ser feitas menções à exportação de café. Os exportadores eram em sua maioria estrangeiros até o início do século XX, já as casas comissárias, especializadas no comércio intermediário entre os produtores de café e as casas exportadoras, eram constituídas por brasileiros[27]. Pode-se dizer que, enquanto donos de empreendimentos situados em locais

24. Warren Dean, *op. cit.*, p. 59.

25. Heloisa Barbuy, *op. cit.*, pp. 133-134.

26. Marisa Midori Deaecto, *op. cit.*, pp. 98-99.

27. Entre as atividades dos comissários de café estavam: recebimento do café nos principais centros produtores em consignação ou para venda às firmas exportadoras situadas em Santos e em São Paulo, servindo como intermediários no comércio, podendo arcar inclusive com

Figura 10. *Porto de Santos, Cais do Valongo, embarque de café, 1889. Marc Ferrez, Coleção Gilberto Ferrez, Acervo Instituto Moreira Salles. Observa-se na fotografia o intenso movimento de pessoas e mercadorias no porto santista. Juntamente com os sacos de café para embarque também havia caixotes de madeira com artigos importados sendo desembarcados no final da década de 80 do século XIX.*

estratégicos de negócio do produto, os exportadores foram também responsáveis pela introdução de diversos novos bens importados colocados em circulação na região.

vantajosos adiantamentos aos fazendeiros. Também por eles podia ser feito o fornecimento de artigos de importação, como sal, carne seca, toicinho e objetos de luxo, aos fazendeiros, que estavam afastados dos fornecedores tanto pela distância geográfica como pelo transporte moroso e arcaico (Maria Aparecida Franco Pereira, *op. cit.*, pp. 86-87 e 151).

2.2.1. *Casas inglesas*

A casa inglesa Edward Johnston & C. foi considerada a segunda mais importante firma exportadora britânica e anunciada com uma das mais importantes exportadoras de café instalada no Brasil. Edward Johnston, londrino, foi para o Rio de Janeiro em 1821, casou-se com a filha de um holandês, tornando-se proprietário de uma plantação nos arredores da cidade e, em 1842, fundou sua primeira firma. A opção encontrada por ele para ampliar seus negócios foi se mudar três anos depois para Liverpool, principal porto de entrada do café. Formou duas empresas, uma na cidade inglesa e outra na Bahia, em sociedade com outros negociantes britânicos. A chegada da filial a Santos se deu em 1882 e já não contava com a administração de Edward, que havia falecido seis anos antes, ficando o negócio a cargo de dois de seus filhos. As atividades do escritório situado na rua Santo Antônio assumiu tal posição de destaque que passou a ser o centro terminal dos negócios no Brasil. A principal atividade dessa firma era a exportação do café, no entanto, há referências de que trabalhava com a importação de produtos de algodão, motores para máquinas de beneficiar café, farinha, banha de porco, água mineral, bebidas alcoólicas, carvão de pedra e balanças da manufatura Avery & C. Ltda. Para realizar o embarque e desembarque das mercadorias ela possuía pontes no Porto de Santos e era representante da companhia hamburguesa de navegação Hamburg-Süd. Em 1906, tornou-se uma sociedade anônima com sede social em Londres[28].

Sabe-se que os britânicos, desde um período anterior, controlavam a exportação de produtos brasileiros como o açúcar, o café e o algodão para os Estados Unidos, Alemanha e outros países europeus, realizando esse comércio por meio de suas firmas. Por sua vez, o Brasil recebia um elevado número de importações provindas da Grã-Bretanha. Era dessa forma que os ingleses compensavam as poucas importações feitas

28. *Álbum São Paulo Moderno*, p. 183; *Almanach da Província de São Paulo*, 1883; *Almanach da Província de São Paulo*, 1887; *Almanach do Estado de São Paulo*, 1890 e *Completo Almanak do Estado de São Paulo*, 1895; Atas da CMS, 1883-1898; R. Graham, *op. cit.*, pp. 83-90; Reginald Lloyd, *op. cit.*, p. 721.

do Brasil. O café, por exemplo, não era preferência entre eles e seu consumo na Grã-Bretanha entrou em um movimento descendente ainda no começo da década de 70 dos Oitocentos[29].

O histórico da casa inglesa F. S. Hampshire & C. demonstra que a possibilidade de estar em diversos portos permitia uma ampla atuação nos negócios de importação. Agenciando navios da Liverpool, Brazil and River Plate Steamship Company, ou simplesmente, Lamport & Holt, a firma trazia produtos de diversas nacionalidades para o Brasil. Seu endereço de referência em Santos era a rua 25 de Março (antiga rua Direita), mas também contava com armazéns em outras ruas do centro comercial, como Marquês do Herval (antiga rua da Penha) e Xavier da Silveira (antiga rua do Quartel). Precisava de pontes e pontões para receber as mercadorias que negociava, entre elas, a cerveja irlandesa Guiness em garrafas (representantes no Brasil da marca), peixe seco (bacalhau) do Canadá, presuntos ingleses da fábrica Hunter Bootle, madeiras como pinho americano dos Estados Unidos, pinho-branco canadense, pinho sueco, viga de aço, telhas francesas, terebentina norte-americana, soda cáustica, breu, ferro, cimento, sebo, querosene, óleos, sementes de algodão, de linho, tecidos de lã. Incluíam-se nas suas atividades comerciais receber produtos em consignação, sendo que a ação de consignar, segundo o *Manual Mercantil*, era aquela de "encarregar a um negociante a venda de mercadorias que se embarcam", em outras palavras, consignatário era "o que recebe gêneros para vender por conta alheia"[30]. A especialidade da casa eram as importações, contudo, ela não deixava de lado os negócios do café, incluindo em seus números a exportação do produto.

Em 1870, Francis Hampshire juntamente com outros comerciantes ajudou a fundar a Associação Comercial de Santos, onde foi também diretor no biênio de 1883-84, além de cônsul da Grã-Bretanha na cidade. As referências apontam o final da década de 1870 como data de fundação da firma em Santos, a partir daí o importador teria ficado à frente da

29. Richard Graham, *op. cit.*, pp. 82-83.
30. Veridiano Carvalho, *op. cit.*, p. 301.

direção da casa por mais de duas décadas. Em 1895, o gerente em Santos era Albert Smith. Sua trajetória até se tornar sócio de Hampshire é um exemplo de como um profissional da época podia se preparar para atuar nesta área comercial. Albert estudou em Liverpool, onde adquiriu experiência comercial, passou cinco anos trabalhando no escritório da Lamport & Holt e, a pedido de Francis, veio a Santos para atuar no seu escritório, onde mais tarde tornou-se sócio e gerente da casa. Em 1902, a firma foi reorganizada como uma sociedade anônima[31].

Outra casa inglesa especializada em importação era a Wilson Sons & C. que foi criada em Salvador, Bahia, no ano de 1844. A firma manteve também um escritório em Liverpool, até a década de 1870, quando se transferiu para Londres, tendo o seu nome frequentemente associado ao comércio de carvão de pedra, principal produto que importava da Grã-Bretanha e distribuía pelo Brasil. Contudo, outros tantos artigos também faziam parte do seu rol de importações, entre eles, maquinaria para indústria e lavoura, ferro, pinturas, óleos, produtos químicos, cabos, explosivos, desinfetantes, artigos sanitários e louça em geral, cimento, materiais para construção e para ferrovias, licores, sal, entre outros bens. Possuía escritórios e armazéns em muitas cidades brasileiras e estrangeiras, entre elas, Recife, Rio de Janeiro, São Paulo, Ilhas Canárias, Montevidéu e Buenos Aires. Em Santos, seu escritório ficava na rua José Ricardo (antiga rua do Sal), mas a casa requisitava constantemente à Câmara Municipal a utilização de armazéns em outros locais da cidade, entre eles, rua Marquês do Herval (antiga rua da Penha) e no Arsenal da Marinha, a fim de depositar suas mercadorias, em especial, aquelas inflamáveis. Seus negócios se expandiram, possuía serraria, uma fundição e, no ano de 1886, completou a construção de duas usinas açucareiras na Bahia, fazendo-as funcionar até 1902. Já no século XX, a firma foi vendida à Edward Johnston & C. e, em 1913, especializou-se também em outros serviços como o de estiva e estaleiros.

31. *Álbum São Paulo Moderno*, pp. 239-240; *Almanach da Província de São Paulo*, 1883; *Almanach da Província de São Paulo*, 1887; *Almanach do Estado de São Paulo*, 1890 e *Completo Almanak do Estado de São Paulo*, 1895; Atas da CMS, 1880-1893; *Boletim da Associação Comercial de Santos*, 1908; Reginald Lloyd, *op. cit.*, p. 730.

Seu principal negócio, a importação de carvão de pedra, continuava crescendo e, mesmo trabalhando com grandes quantidades, a Wilson Sons & C. fazia entregas do produto de porta em porta, em carroças, para pequenos consumidores em São Paulo. Essa foi a forma que a casa encontrou de garantir a competitividade e a longevidade na praça comercial paulista[32].

As três firmas também tinham relações com o setor financeiro. Os bancos ingleses, dos quais as casas importadoras também podiam ser agentes no Brasil, eram uma garantia para que elas obtivessem crédito e pudessem atuar nas mais diferentes atividades, tanto no setor de exportação como no de importação. O interesse no rico comércio ultramarino fez com que estes e outros bancos estrangeiros financiassem, cada vez mais, as atividades de firmas instaladas em países como o Brasil[33]. As relações passaram a ser tão estreitas que muitos se tornaram sócios comanditários de grupos de banqueiros internacionais, podendo inclusive abrir créditos para outros comerciantes paulistas[34]. Como exemplo, tem-se a F. S. Hampshire & C. como agente do The British Bank of South America, "ocupando-se principalmente de efetuar cobranças e de compra de letras por conta de outros bancos, principalmente para a praça de São Paulo"[35] e a Edward Johnston & C., agente em Santos do London and Brazilian Bank, desde a abertura da filial na cidade, em 1881. Um exemplo de funcionamento deste crédito diz respeito à importação de máquinas e matérias-primas para o Brasil. Era comum as firmas importadoras permitirem aos compradores brasileiros o financiamento, mesmo a curto prazo, de maquinaria e outros produtos de grande valor, em especial, os bens destinados a atividade industrial. Foi o caso da Wilson Sons & C. que ampliou o crédito de um único comprador, de

32. *Almanach da Província de São Paulo*, 1887 e *Completo Almanak do Estado de São Paulo*, 1895; Atas da CMS, 1885-1896; Société de Publicité Sud-américaine Monte-Domecq, *O Estado de São Paulo*, Barcelona, Estabelecimento Gráfico Thomas, 1918, p. 587; Marisa Midori Deaecto, *op. cit.*, p. 47; Richard Graham, *op. cit.*, pp. 134-135, 157.

33. Warren Dean, *op. cit.*, p. 63.

34. Marisa Midori Deaecto, *op. cit.*, p. 109.

35. *Álbum São Paulo Moderno*, p. 239.

10 000 para 15 000 libras. Os fabricantes ingleses beneficiavam as casas de importação oferecendo grandes facilidades para seus negócios no Brasil, já os bancos britânicos emprestavam dinheiro aos importadores enquanto esperavam pelos seus pagamentos[36]. Não se pode deixar de assinalar que, frequentemente, a atuação dos bancos estrangeiros gerava descontentamento entre os nacionais com dificuldades financeiras, visto que eles obtinham grandes lucros a partir de especulações, favorecidas por oscilações do câmbio, e através de condições extorsivas em suas operações financeiras[37].

2.2.2. *Casas alemãs*

Os alemães também estavam presentes no comércio de importação paulista já na década de 40 dos Oitocentos. Aqueles que chegaram com profissões ligadas a atividades urbanas e os que tinham certo capital para iniciar algum tipo de negócio se beneficiaram nas cidades brasileiras em que o mercado de trabalho estava em processo de crescimento. Foi o que explicou Silvia Cristina Lambert Siriani sobre os alemães estabelecidos em São Paulo nos anos 1840, momento em que se observou uma diversificação nas atividades urbanas exercidas por esses estrangeiros. Siriani também destacou o surgimento de três casas importadoras de propriedade de alemães, assim como a presença de um comissionário e de um capitalista na cidade[38].

Um dos casos mais emblemáticos foi a casa Theodor Wille & C. Theodor Wille chegou ao país da cidade de Kiel, na Alemanha, no ano de 1838. Já contava com uma experiência profissional adquirida na firma exportadora de seu pai que lidava com carvão e outros produtos, a Diederichsen & Wille. No Rio de Janeiro, teve sua experiência inicial em

36. Richard Graham, *op. cit.*, pp. 101, 140-142.
37. Nícia Vilela Luz, *A Luta pela Industrialização do Brasil, 1808 a 1930*, São Paulo, Difusão Europeia do Livro, 1961, pp. 58-59
38. Silvia Cristina Lambert Siriani, *Uma São Paulo Alemã: Vida Cotidiana dos Imigrantes Germânicos na Região da Capital (1827-1889)*, São Paulo, Arquivo do Estado/Imprensa Oficial do Estado, 2003, p. 110.

uma firma alemã, a Biesterfeld & C. Talvez por conta de suas atividades nesta casa tenha se dirigido a Santos, em 1844. Na cidade paulista fundou, em primeiro de março deste mesmo ano, uma companhia voltada para o comércio de importação e exportação, a Theodor Wille & C., sendo seu único proprietário. Logo depois, em cinco meses, foi nomeado cônsul da Prússia. A iniciativa de comercializar o café pelo Porto de Santos foi anterior à maioria das firmas estrangeiras que se instalaram na cidade, ainda porque, nesta época, as maiores exportações eram feitas pelo porto do Rio de Janeiro. Este fato deu a Wille não somente a possibilidade de conhecer e negociar importantes artigos brasileiros voltados à exportação, como café, açúcar e algodão, como também a oportunidade de se transformar em um grande importador. No seguinte trecho, percebe-se como se dava a sua atuação neste negócio:

> Graças ao perfeito conhecimento do ramo, soube sempre comprar vantajosamente na Europa as mercadorias mais apropriadas para o Brasil. Para esse fim viajou pela Europa, escolhendo no próprio lugar as mercadorias disponíveis. Assim, fez viagem a Sheffield, para conseguir os procurados artigos ingleses de ferro e aço, especialmente ferramentas; a Manchester, a fim de fazer valer sua grande competência na escolha de produtos têxteis. Por várias vezes a Cádiz, para fechar grandes contratos com as afamadas salinas, pois o sal era um artigo necessário em grande escala para a pecuária brasileira[39].

Assim, os produtos importados pela firma não eram necessariamente alemães. Sabe-se que, nas primeiras décadas, os artigos eram em sua grande maioria ingleses e outros vinham dos Estados Unidos, como a querosene e a farinha de trigo[40]. O sal e a querosene ocupavam diversos armazéns em Santos e ruas como São Leopoldo, São Bento, José Ricardo apareceram em pedidos para depósitos desses produtos nos requerimentos enviados pela casa à Câmara Municipal[41].

39. Maria Luiza de Paiva Melo Moraes, *op. cit.*, p. 32.
40. *Idem*, p. 59.
41. Atas da CMS, 1873-1897.

Assim como outros importadores, Theodor Wille, após três anos e dois meses em Santos, foi para Hamburgo e não retornou mais ao Brasil, contudo, seus negócios só cresceram no país. Depois de Santos, instalou-se a filial de São Paulo, em março de 1852. A casa paulistana logo se tornou próspera e o setor de importação foi ampliado, abrangendo os mais diversos artigos, desde armarinhos, cobre, chumbo, enxofre, alvaiades, cores, salitre, folhas de zinco, tecidos de aniagem, barbantes, velas, óleos de linhaça, couro, goma-laca, cervejas, vinhos, manteiga, presuntos, pianos, até cabelos para chapeleiros, e, em especial, produtos de louça, mercado que dominou por muito tempo em São Paulo. Em 1855, Wille fundou a firma em Hamburgo que funcionava como sede geral na Europa das casas brasileiras, enquanto isso, alguns dos gerentes acabaram se tornando seus sócios, incluindo-se em suas práticas comerciais, viagens a Alemanha, pois era de lá que partiam as diretrizes de funcionamento das firmas instaladas no Brasil. No ano seguinte, foi a vez do Rio de Janeiro onde, juntamente com outros alemães, fundou-se a firma Wille, Luebbers & C.[42]

A partir da década de 1870, o desenvolvimento econômico da Alemanha, após unificação e proclamação do Império, fez com que sua produção industrial crescesse significativamente e o resultado foi a circulação de produtos alemães no comércio mundial, com destaque para artigos de aço, ferro e têxteis, que também passaram a fazer parte do rol de mercadorias introduzidas no Brasil por meio da Theodor Wille & C.[43] Era assim que lojas, como a Casa Alemã, criada na década de 80 dos Oitocentos em São Paulo, adquiria produtos de uso diário, como meias, aventais, toalhas, lenços, entre outros produtos importados diretamente da Alemanha. A importadora fornecia a chamada "chita alemã" para essa casa comercial que, então, colocava o artigo importado à disposição dos consumidores paulistas[44]. O setor de fazendas da firma, cujos negócios eram anunciados como os de maior

42. Maria Luiza de Paiva Melo Moraes, *op. cit.*, pp. 33-45.
43. *Idem*, p. 60.
44. Heloisa Barbuy, *op. cit.*, p. 209

vulto, fez Theodor Wille aparecer em almanaques paulistas como atacadista de fazendas[45].

Outras relações comerciais estabelecidas por Theodor Wille se assemelhavam às firmas inglesas: a representação de grandes companhias de navegação marítima, como a Hamburg Süd e conexões financeiras com bancos estrangeiros, no caso, o Brasilianische Bank für Deutshland de Hamburgo, o Banco Anglo-alemão e o London & Hanseatic Bank, dos quais esses dois últimos, o importador era acionista. O escritório instalado na rua Santo Antônio, em Santos, contava com um departamento para administrar toda a infraestrutura que dava suporte ao comércio de exportação e importação da casa. Um desses gerentes de embarques e importação foi o comerciante Ernesto Borman que, ao assumir o cargo em 1900, contava com uma larga experiência profissional anterior, como sócio de outra firma de importação e na representação de países, como vice-cônsul da Áustria e Hungria. Em 9 de janeiro de 1892, o fundador morreu aos 74 anos de idade, deixando como sócios herdeiros Karl e Gustav, filhos de Diederichsen que foi sócio de seu pai na casa de exportação alemã. Foi também nesta década de 1890 que a firma atingiu um lugar privilegiado na economia brasileira ao atuar em diversos setores, consolidando-se no comércio de exportação e importação e executando os papéis de comissária, financiadora de crédito agrícola e proprietária de fazendas cafeicultoras. A diversificação dos negócios fez com que a firma entrasse no século XX com progressos tanto no setor de exportação como no de encomendas, neste último, pode-se dizer que produtos da indústria alemã despertavam um crescente interesse entre os consumidores brasileiros ao mesmo tempo em que diversos artigos foram deixando de ser importados, em parte por já estarem sendo produzidos no Brasil[46].

A presença de alemães na cidade de Santos foi destacada por Maurício Lamberg, em 1887, que fez menção a uma colônia de cerca de qua-

45. *Almanak da Província de São Paulo*, 1858, pp. 108-113, *apud* Marisa Midori Deaecto, *op. cit.*, p. 141.

46. Reginald Lloyd, *op. cit.*, pp. 717-871; Maria Luiza de P. Melo Moraes, *op. cit.*, pp. 82-111, 131-132.

trocentas ou quinhentas pessoas, tendo como centro de reunião o Clube Germânia[47]. Este clube começou a construir uma nova sede em março de 1884, como consta no ofício de Fritz Christ, seu presidente, convidando a Câmara Municipal a participar da "colocação da pedra fundamental do edifício"[48]. A nova sede, que se situava na rua do Rosário, foi construída quase vinte anos após a inauguração do Clube no ano de 1865, sendo descrita, em meados do século xx, como um edifício rodeado por jardins e com diversas acomodações, sala de leitura e biblioteca, salas de bilhar e de dança, sala para recepções e uma galeria. O Clube Germânia que foi considerado uma das primeiras instituições sociais fundadas na cidade, cuja administração era confiada a membros que falassem alemão, era também um local para realização das festas típicas[49]. Pelos jornais santistas o Clube fez anúncios na língua alemã, além de divulgar, em português, algumas de suas ações. Foi o caso da iniciativa do Sr. Adam Zick, que era seu presidente na época, de promover entre os sócios uma subscrição com o fim de fazer a aquisição dos livros do falecido Dr. Guilherme Delius, sócio fundador da instituição. Desse modo, pretendia-se ajudar a sua viúva com uma soma compatível com o valor real dos livros. O anúncio alardeou a atitude humanitária dos sócios do Clube Germânia que intencionavam aliviar as dificuldades da dita viúva[50]. O fato de instalarem firmas comerciais em Santos não obrigava esses homens, ligados ao comércio exterior, a se fixarem na cidade. Isto porque, para administrar suas empresas no Brasil, contavam com gerentes de sua confiança e com experiência profissional no ramo. Entretanto, há casos de negociantes que não voltaram para seu país de origem, deixando evidências de sua trajetória não somente no comércio como na sociedade

47. Carlos Fouquet, *O Imigrante Alemão e seus Descendentes no Brasil, 1808-1874*, 1974, p. 160, *apud* Wilma Theresinha F. de Andrade, *op. cit.*, p. 118.
48. Ata da CMS, 3 de abril de 1884, p. 1. Nos anos que se seguiram Fritz Christ também assumiu os cargos de cônsul do Império Alemão e diretor da Associação Comercial de Santos. Atas da CMS, 29 de setembro de 1885, p. 1, e 10 de setembro de 1891, p. 278.
49. Reginald Lloyd, *op. cit.*, p. 715.
50. *Diário de Santos*, 1879.

santista. Este foi o caso de Gustavo Backheuser[51], um dos sócios fundadores do Clube Germânia, imigrante alemão que chegou ao Brasil no ano de 1841[52]. Sua firma foi fundada quase ao mesmo tempo em que a de Theodor Wille, o que demonstra um interesse por parte dos alemães no comércio da região, motivação esta que, segundo Moraes[53], estaria vinculada à possibilidade de lucro certo e imediato com o comércio do café entre Santos e Hamburgo. Nas décadas seguintes, a casa foi anunciada nos almanaques como firma de importação, com endereço na Praça da República e armazéns de querosene em ruas como a Francisco de Paula[54].

A exemplo de outros importadores, os negócios de Backheuser extrapolaram o comércio exterior, ao apostar em outras oportunidades de ganho no Brasil. Uma delas pode ser identificada no empréstimo feito a Luís Bamberg, relojoeiro que atuava no alto comércio paulistano. Segundo Siriani, procurando expandir seus negócios, este comerciante alemão passou a negociar produtos caros em sua loja, entre eles, joias de ouro e artigos ópticos. Para garantir um estoque de artigos variados, Bamberg precisava fazer encomendas que exigiam grande quantia de dinheiro, por conseqüência, a fim de obter o capital necessário, empenhou o próprio imóvel, no ano de 1870, a Gustavo Backheuser, pela quantia de 12:000$000, comprometendo-se a resgatar a hipoteca no período de um ano, com juros de 10% ao ano[55]. Além do Clube Germânia, Backheuser esteve presente também como sócio-fundador da Associação Comercial de Santos, em 1870. Sua atuação no comércio local, entretanto, parece não ter sido somente na área de escritórios de importação e exportação, mas também em lojas físicas. Seu sobrenome

51. O sobrenome de Gustavo Backheuser foi grafado de maneiras diferentes, algumas vezes como Backheuser, outras como Backhäuser. Optou-se pela primeira grafia por constar na maior parte das fontes.

52. Silvia Cristina Lambert Siriani, *op. cit.*, p. 299.

53. Maria Luiza de Paiva Melo Moraes, *op. cit.*, p. 25.

54. *Almanak da Cidade de Santos*, 1871; *Almanach da Província de São Paulo*, 1887; *Almanach do Estado de São Paulo*, 1890 e *Completo Almanak do Estado de São Paulo*, 1895; Atas da CMS, 1873-1885.

55. Silvia Cristina Lambert Siriani, *op. cit.*, p. 151. Sobre este tipo de comércio em São Paulo e alguns dos alemães nele atuantes, ver também Heloisa Barbuy, *op. cit.*, pp. 128-150.

aparece associado a outro na firma Backheuser & Leão, anunciada como casa de louças e porcelanas[56]. Em 1883, o filho de Gustavo, que era chefe da casa Backheuser & Meyer no Rio de Janeiro, recebeu de seu pai a administração da firma santista, o fundador ainda permaneceu como sócio comanditário[57]. Pode-se dizer que o comerciante alemão deixou a seus descendentes os negócios comerciais e um sobrenome conhecido na cidade, como se identificou na seguinte passagem da crônica "O Coronel Albuquerque e a Ponte da Alfândega":

> [...] no Natal de 1902, sentiu-se a ausência de um dos visitantes infalíveis. Era a do Coronel Cândido Anunciado Dias de Albuquerque, que acabava de falecer precisamente às 10 horas da noite do dia 25 de dezembro, daquele ano.
>
> Ia nos oitenta e cinco anos de idade [...]
>
> Na alta sociedade tratavam-no de "coronel Albuquerque", mas os íntimos e o povo em geral lhe davam o tratamento de "coronel Candinho".
>
> Era ele filho do major Joaquim Antônio Dia e de d. Eugênia Maria de Albuquerque. Irmão, portanto, do coronel Joaquim Antônio Dias, herói da guerra do Paraguai; de d. Maria Anunciada Dias, casada com Guilherme Backheuser; de d. Maria Elisa Dias, que casou com o dr. João Inácio Silveira da Mota, alcunhado de "Mota Gato", pelo forte ronronar da sua asma; de d. Maria Augusto Dias, segunda mulher de João Otavio Nébias; e ainda de Eugênia Francisca Dias de Albuquerque.
>
> Do supracitado Backheuser era filha D. Eugênia Helena Backheuser, esposa do coronel José Proost de Sousa; o dr. Silveira da Mota era pai do dr. Renato Silveira da Mota; e de João Otavia era filha d. Laura Otavio Nébias, que casou com Tito Marcos Pacheco Soares.
>
> Estava o coronel Candinho, como se vê, unido pelos vínculos de parentesco à gente mais qualificada de Santos do seu tempo[58].

56. *Almanach do Estado de São Paulo*, 1890.
57. *Diário de Santos*, 1883. Sócio-comanditário é aquele que entra apenas com capitais, não participa da gestão dos negócios e sua responsabilidade se restringe ao capital subscrito. Eneida Maria Cherino Malerbi, *op. cit.*, p. 76.
58. Costa e Silva Sobrinho, "O Coronel Albuquerque e a Ponte da Alfândega", em Costa e Silva Sobrinho, *Romanagem pela Terra dos Andradas*, São Paulo, Empresa Gráfica da Revista dos Tribunais, 1957, pp. 22-28 (aspas nossas).

Outra casa que também se destacou no período foi a Zerrenner, Bulow & C. Os sócios, Anton Zerrenner e Adam Bulow, percorreram o caminho de outras firmas alemãs do período, ocupando-se com os negócios do café e com a importação de uma gama variada de produtos. Em Santos, suas atividades comerciais os levaram a participar da fundação e direção da Associação Comercial, ao agenciamento de vapores da companhia de navegação Norddeutsher Lloyd de Bremen e à representação de países como Bélgica, Dinamarca, Suécia, Áustria e Hungria. No porto, construíram pontes de embarque, desembarque e uma plataforma para receber as mercadorias na rua Xavier da Silveira (antiga rua do Quartel), ainda ocuparam alguns endereços no centro comercial, na rua José Ricardo (antiga rua do Sal) e no Largo Monte Alegre[59].

O edifício situado no Largo Monte Alegre pertencia a um conhecido empresário português da época, Manoel Joaquim Ferreira Neto, que o construiu para fins comerciais. Além da Zerrenner, Bulow & C., outras casas estiveram no local, como a Theodor Wille & C.[60] O fato de estar localizado em frente à estação de ferro da *São Paulo Railway* certamente despertou o interesse desses comerciantes. O prédio, que possuía "portadas de alvenaria lavrada, vindas de Portugal"[61], ocupava

> [...] uma quadra inteira, com dois blocos laterais com três pavimentos e um bloco central de união com um pavimento [...] a falta de elementos dominantes em qualquer dos eixos de simetria e a implantação com frente para quatro ruas com inúmeras entradas e janelas atendeu à função de abrigo de inúmeras atividades distintas em setores locados independentemente[62].

59. *Almanach da Província de São Paulo*, 1883; *Almanach da Província de São Paulo*, 1887 e *Completo Almanak do Estado de São Paulo*, 1895; Atas da CMS, 1871-1891; *Boletim da Associação Comercial de Santos*, 1908; jornal *A Tribuna*, 1904.

60. *Diário de Santos*, 1879.

61. Costa e Silva Sobrinho, "Dois Edifícios Evocadores", *Romanagem pela Terra dos Andradas*, São Paulo, Empresa Gráfica da Revista dos Tribunais, 1957, pp. 149-156.

62. Além de ter sido ocupado por escritórios de importação e exportação e armazéns, este prédio também foi endereço do poder público municipal, entre os anos de 1895 a 1939. Fabio Serrano, "Aspectos da Arquitetura em Santos no Ciclo do Café", em Maria Aparecida Franco Pereira (org.), *Santos: Café e História*, Santos, Leopoldianum/Unisantos, 1995, pp. 109-110.

FIGURA 11. *Casarões do Largo Marquês de Monte Alegre registrado por José Marques Pereira, 1900 (Acervo da Fundação Arquivo e Memória de Santos).*

Como importadora, a Zerrenner, Bulow & C. negociava diversos artigos, entre eles, materiais para construção, ferro, aço, arames, cimento, telhas francesas, dinamite, carbureto de cálcio, querosene, lubrificantes, formicida, pinho, automóveis, bicicletas, farinhas, arroz, açúcar, charutos, bebidas finas como *champagne*, vinhos portugueses e franceses, *whisky*, chá, água, queijos, azeites. Além dos armazéns e escritórios que cuidavam da importação e do depósito dessas mercadorias em Santos, a casa também tinha um endereço em São Paulo na rua São Bento que, entre outros serviços, oferecia saques de bancos estrangeiros com os quais tinha relações comerciais[63].

63. Reginald Lloyd, *op. cit.*, p. 730; jornais *O Comércio de São Paulo*, 1904 e *A Tribuna*, 1904; Heloisa Barbuy, *op. cit.*, p. 160.

Entre as diversas firmas, no período investigado, notou-se que não havia o comércio especializado. Uma grande variedade de produtos podia ser negociada de acordo com as necessidades que surgiam nos diferentes mercados. Os alemães, por exemplo, que chegaram entre os anos 1860 e 1870, em São Paulo, puderam se aproveitar da crescente europeização dos hábitos de consumo paulistanos, advinda da expansão econômica da cidade, para abrirem diferentes negócios e comercializarem toda sorte de artigos[64]. Desse modo, os importadores não comercializavam produtos de um único país, o que dava a eles a possibilidade de lidar, ao mesmo tempo, com mais de um tipo de matéria-prima e diversos artigos industrializados.

2.2.3. *Casas francesas*

Os comerciantes franceses também procuraram se beneficiar das possibilidades comerciais da região para estabelecer suas casas de importação nos arredores do porto santista. As relações comerciais entre Brasil e França começaram em um período anterior sem um planejamento definido, mas vinculadas às relações políticas entre os dois países. Ao longo do tempo, elas adquiriram características próprias, ligadas à fixação de cidadãos franceses no Brasil, seja ela temporária ou não, assim como, a "composição de um fluxo comercial organizado compreendendo agentes, navios, mercadorias, capitais, fluxo que teve o acompanhamento bastante próximo do serviço consular de ambas as nações"[65]. Dessa forma, assim como ocorria com outros europeus, foi possível identificar comerciantes franceses entre os agentes de companhias de navegação, em casas de importação, preferencialmente estabelecidos em cidades brasileiras cujas condições econômicas tornaram-se vantajosas para seus negócios. A realização dos negócios se dava em pequena escala, depois de uma avaliação prévia das condições de mercado. Após os anos 30 dos Oitocentos, as trocas comerciais se tornaram

64. Silvia Cristina Lambert Siriani, *op. cit.*, pp. 146-147.
65. Eneida Maria Cherino Malerbi, *op. cit.*, pp. 61-62.

mais constantes, assim como o estabelecimento de cidadãos franceses, agentes e firmas comerciais nas maiores praças brasileiras. Os primeiros portos que atenderam aos interesses dos negociantes franceses foram, principalmente, os de Pernambuco, Salvador e Rio de Janeiro, e em segundo lugar, os de São Luís, Belém e Rio Grande[66]. A cidade de São Paulo passou a fazer parte mais intensamente deste intercâmbio, com a presença de negociantes franceses, no final do século XIX, quando o mercado paulista se tornou atraente para a instalação de suas firmas, em especial, para o comércio de supérfluos a partir das décadas de 1880 e 1890. Até este período a maioria dos produtos franceses era negociada por casas situadas junto ao porto do Rio de Janeiro, onde era armazenada e, então, distribuída para outras regiões do Brasil[67]. Como se poderá constatar mais adiante, a França foi grande fornecedora de chapéus, calçados, porcelanas, cristais, tecidos, papel, vinhos, manteiga, entre outros produtos alimentícios. Se em um primeiro momento, os franceses se importavam em pesquisar artigos no Brasil que pudessem ser utilizados em sua indústria, no decorrer do tempo, com o desenvolvimento de suas próprias colônias, os interesses se voltaram especialmente para consolidar a inclusão dos seus produtos no mercado brasileiro[68]. Uma das primeiras casas que apareceram na documentação, atuando ativamente junto ao porto santista, desde a década de 1870, foi a importadora e agência de vapores A. Leuba & C. A firma contava com escritórios na rua 25 de Março (antiga rua Direita), em Santos, e na rua São Bento, em São Paulo. Era agente de duas companhias de navegação francesas, a Société Générale de Transports Maritimes à Vapeur e a Compagnie des Chargeus Réunis, sendo que para esta última teria sido nomeada como representante, também no Rio de Janeiro, em 1872. Ainda em Santos, não deixou de pedir por reformas e prolongamento de pontes, junto ao porto, por onde recebia

66. *Idem*, pp. 65-68.
67. Marisa Midori Deaecto, *op. cit.*, p. 49.
68. Vanessa dos Santos Bodstein Bivar, *op. cit.*, p. 110.

as mercadorias que eram encaminhadas aos seus depósitos, como o de vinhos, situado na rua 24 de Maio (antiga rua da Praia)[69].

Outra firma francesa foi a Karl Valais & C. que já contava com duas casas nas cidades de Paris e do Rio de Janeiro quando abriu sua filial em Santos no final do ano de 1886, cuja direção ficou a cargo dos gerentes Armando Jouault e Abel Dreyfus. Em 1890, seus endereços eram rua 25 de Março (antiga rua Direita), em Santos, rua do Ouvidor, em São Paulo. Junto ao porto santista, a firma de importação também era agente da Société Générale de Transports Maritimes à Vapeur, pedia pela construção e prolongamento de pontes junto ao porto, além de possuir cocheiras e armazéns. Como foi apontado anteriormente, uma das características do comércio francês era a estreita ligação entre os consulados e os comerciantes instalados em outros países, desse modo, os franceses podiam acompanhar de perto o andamento dos negócios no estrangeiro. A importadora não deixou de receber avaliações e, segundo os relatórios dos cônsules situados em São Paulo, a Karl Valais & C. inseria-se no chamado alto comércio, sendo responsável pela introdução de produtos alimentares no Brasil. Além desses artigos, a firma também foi responsável pela importação por atacado de materiais vidrados utilizados em obras de água e esgoto na capital paulista. Por conta dos números alcançados pela firma, Karl Valais era considerado um grande negociante e, portanto, um destacado representante da força comercial francesa na Província de São Paulo[70].

69. *Almanak da Cidade de Santos*, 1871; *Almanach da Província de São Paulo*, 1883 e 1887; *Almanach do Estado de São Paulo*, 1890; *Completo Almanak do Estado de São Paulo*, 1895 e *Guia Geral do Comércio de Santos*, 1895; Atas da CMS, 1870-1897; José Carlos Rossini, *op. cit.*, p. 72.

70. *Almanach do Estado de São Paulo*, 1890 e *Completo Almanak do Estado de São Paulo*, 1895; Atas da CMS, 1888-1899; Archives du Ministère des Affairs Etranjères. Mission dans l'Amérique du Sud. Direction des Consulats et des affairs commerciales – sous direction des affairs commerciales n. 137, *Notes sur la colonne française à Saint Paul*, Saint Paul, le 11 mars 1896; e Archives Nationales/Consulat de France à São Paulo/Etat de São Paulo/Etat de Paraná, Sta. Catarina et Rio Grande do Sul. Direction des Consulats et des Affairs Commerciales/Sous-Direction Commerciale/n. 103, *Renseignement sur le commerce de grès vernissés, et Industrie de la Ceramique à S. Paul*, Saint Paul, le 1er de novembre, 1897, *apud* Heloisa Barbuy, *Notas de Pesquisa de Pós-doutorado*, out.-nov. 2005 (manuscrito); *Diário de Santos*, 1887.

2.2.4. Casas portuguesas

Entre nomes de firmas inglesas, alemãs e francesas, também se encontravam aqueles de origem portuguesa. Esta colônia é a mais conhecida na historiografia santista, pois o número de lusos na cidade sempre foi preponderante em relação a outros estrangeiros. Em 1872, de uma população de 1 577 estrangeiros, 931 indivíduos eram portugueses. Na década de 1880, este número cresceu ainda mais, acompanhando o desenvolvimento econômico e social da cidade[71]. Em 1891, a colônia portuguesa era a mais numerosa, contando com 14 986 homens e 8 069 mulheres desta nacionalidade[72]. Neste período, as atividades urbanas em Santos apresentavam boas oportunidades de trabalho e atraíam este contingente de portugueses que chegavam à cidade para trabalhar em diversos serviços. Mesmo que em Portugal vivessem em locais onde as ocupações se davam em grande parte no setor agrícola, os rumos tomados em terras brasileiras podiam mudar seus meios de sobrevivência. Alguns se destinaram às tarefas realizadas na área portuária, como estiva e condução de carroças, outros se dedicaram ao ofício de caixeiro no comércio de venda a retalho, onde muitas vezes conseguiam acumular certa quantia de dinheiro para então se lançarem no seu negócio próprio. O comércio era o anseio de muitos portugueses, em especial, aqueles alfabetizados[73]. Com sucesso, eles podiam ser proprietários de estabelecimentos pequenos e variados, ligados ao abastecimento da cidade, e até negociantes do alto comércio, com casas comissárias, exportadoras de café e importadoras[74].

71. Guilherme Álvaro, *A Campanha Sanitária de Santos: Causas e Efeitos*, São Paulo, Casa Duprat, 1918, p. 13, *apud* Maria Suzel Gil Frutoso, *A Imigração Portuguesa e sua Influência no Brasil: O Caso de Santos, 1850-1950*, São Paulo, Departamento de História da Faculdade de Filosofia, Letras e Ciências Humanas da Universidade de São Paulo, 1989, p. 119 (dissertação de mestrado).
72. Francisco Martins dos Santos, *História de Santos: 1532-1936*, São Paulo, Revista dos Tribunais, 1937, p. 322, *apud* Maria Suzel Gil Frutoso, *op. cit.*, p. 119.
73. Maria Suzel Gil Frutoso, *op. cit.*, pp. 121-137.
74. Ana Lucia Duarte Lanna, *op. cit.*, pp. 66-67.

Uma dessas firmas importadoras foi a Bento de Souza & C., fundada em 1865, da qual participaram diversos sócios ao longo dos anos. Foi em 1883 que a casa adquiriu essa razão social. Formada pelos sócios José Maria Bento de Souza, Firmino Pereira da Cunha, Luciano Francisco Pereira Porto e mais um sócio comanditário, a sociedade deu continuidade aos negócios da Bento de Souza & Irmãos. A firma trabalhava com grande sortimento de produtos tanto nacionais como estrangeiros relacionados, principalmente, ao ramo da alimentação. Importavam de países europeus, da América do Norte, das repúblicas platinas e de províncias brasileiras. De outras regiões do Brasil trazia especificamente dos portos de Pernambuco, Bahia, Sergipe, Maceió, entre outros, artigos como açúcar, cereais e sal, da região platina recebia a farinha de trigo. No comércio de exportação, recebia do interior de São Paulo uma quantidade de café em consignação para negociar na praça santista. Seu endereço recorrente nos anúncios da época foi a rua Santo Antônio, mas na medida em que aumentava o volume de negócios, precisou de armazéns em outras ruas da cidade. O crescimento da firma também a levou para outros empreendimentos como a propriedade de uma refinaria de açúcar na rua General Câmara (antiga rua Áurea)[75].

Outra casa do ramo de importação, que se instalou no ano de 1875, foi a Ferreira de Souza & C. Negociava diversos tipos de utensílios caseiros e materiais para construção, como ferro e cimento, importando os produtos da Europa e dos Estados Unidos. Para garantir a distribuição dos artigos por outras cidades paulistas, a firma contava com viajantes, além de empregar caixeiros nos seus armazéns. Desde a sua fundação foi agente do Banco do Minho. O fundador, vindo de Portugal, instalou-se primeiramente no Rio de Janeiro, onde adquiriu experiência em outra casa comercial, antes de chegar a Santos. Outro português, Manuel da Costa Oliveira, que se associou à firma no ano de 1898, seguiu trajetória semelhante. Nascido na cidade do Porto, Manuel desembarcou no Rio

75. *Almanach da Província de São Paulo*, 1883; *Almanach da Província de São Paulo*, 1887; *Almanach do Estado de São Paulo*, 1890 e *Completo Almanak do Estado de São Paulo*, 1895; *Álbum São Paulo Moderno*, pp. 190-191; *Diário de Santos*, 1883; Maria Suzel Gil Frutoso, *op. cit.*, p. 141.

de Janeiro em 1867 e, chegando a Santos, trabalhou como caixeiro até se tornar um dos sócios de Ferreira de Souza[76].

As firmas portuguesas abasteciam o comércio santista com gêneros nacionais, produtos procedentes de países europeus e americanos, em especial, artigos portugueses, como uma grande variedade de vinhos e conservas. Mesmo que os produtos alimentícios tivessem especial destaque nas casas comerciais dos negociantes lusos, outros artigos estavam incluídos no seu rol de importações, entre eles, louças, ferragens, vidros, cristais e tintas[77]. Alguns importadores começaram sua atuação profissional trabalhando com esses produtos em pequena escala, no ramo do comércio a retalho. Com o tempo, o conhecimento adquirido no comércio da região, aliado à prosperidade do negócio e ao acúmulo de capital, criou oportunidades para que esses comerciantes fizessem novos investimentos, como incrementar suas casas comerciais com a compra de produtos variados e a formação de estoques. A partir daí, podiam fazer parte do alto comércio da cidade.

A firma Bento de Carvalho & C., fundada por Francisco Bento de Carvalho, em 1901, foi mais uma dessas trajetórias de sucesso, concretizada já no século xx. Este português, natural da Província do Minho, partiu para o Brasil, em 1887, começando sua inserção no comércio santista como empregado da firma Pereira Coutinho, Almeida & C., na qual chegou a se tornar sócio antes de abrir seu próprio negócio. José Bento de Carvalho, irmão de Francisco, também passou por uma experiência anterior na mesma Casa Almeida & C., associando-se à firma de seu irmão anos depois. A casa Bento de Carvalho & C. ocupava-se de importar e vender no atacado e no varejo diversos tipos de secos e molhados, tais como conhaques, licores, cervejas, vinhos portugueses e franceses, conservas alimentícias, chás, biscoitos, farinha. Também exportava café, mas sua atividade principal era a importação de gêneros alimentícios, o que a fazia entrar em contato constante com praças europeias e americanas, como Funchal na Ilha da Madeira, Lisboa, Porto,

76. Reginald Lloyd, *op. cit.*, p. 730.

77. Maria Suzel Gil Frutoso, *op. cit.*, p. 135.

Marselha, Londres e Nova Iorque. O endereço de referência em Santos era a rua xv de Novembro (antiga rua Direita), contando com outros locais para depósito de mercadorias. Além de a firma ser agente do Banco Comercial do Porto, suas relações financeiras abrangiam bancos de outros países europeus e também nacionais[78].

* * *

Pode-se inferir que esses negociantes voltados para o comércio exterior dedicaram-se não somente à exportação de produtos brasileiros de grande aceitação no estrangeiro, como o café, mas também se interessaram em trazer artigos diversos para o mercado interno. Mesmo que representasse a grande maioria das mercadorias importadas por uma determinada firma, no geral, a importação praticada por elas não se restringia aos produtos dos países de origem dos respectivos importadores. Essa característica se expandia para outros serviços ligados a essas redes internacionais de comércio, como a representação de companhias de navegação, bancos ou agências. Outra questão evidenciada foi que a fundação e a administração dos negócios se iniciavam com a imigração e permanência do comerciante estrangeiro no Brasil, entretanto, o fato de abrirem casas comerciais ou filiais, atingindo certo sucesso, não significou a radicação de todos os importadores em cidades como Santos. Alguns deles voltaram para seus países e deixaram gerentes preparados para dirigirem suas firmas, sendo que essa confiança podia levar até mesmo à formação de uma sociedade entre eles no decorrer do tempo. A propósito, a experiência prévia em casas do ramo parece ter efetivamente ajudado àqueles que depois abriram suas próprias firmas importadoras, visto que precisavam ter não só bons contatos no exterior com companhias de navegação mercante, com fornecedores de produtos e bancos, como também era necessário entender o funcionamento dos mercados para, então, aproveitar as melhores oportunidades de expandir seus negócios. Dedicando-se mais a um gênero do que outro, as casas inglesas, alemãs,

78. *Álbum São Paulo Moderno*, p. 187; Reginald Lloyd, *op. cit.*, p. 731.

francesas e portuguesas mapeadas, abasteceram as cidades paulistas com toda uma gama de produtos importados. Cada vez em maior número e variedade, artigos estrangeiros passaram a ser oferecidos em lojas do ramo, tendo nas firmas de importação o principal meio pelo qual esta conexão com o exterior se realizava. Como se pôde notar, os produtos que chegavam não se destinavam somente a indústria ou agricultura, mas também ao consumo cotidiano e doméstico. Essas indicações serão tratadas de maneira mais específica no próximo capítulo.

CAPÍTULO 3

Objetos Importados, "Desde Chita até Locomotiva"

PÁGINA ANTERIOR: *Rua de Santo Antônio. Fotografia de José Marques Pereira, 1900 (Acervo da Fundação Arquivo e Memória de Santos).*

O sistema de importações organizado a partir das casas importadoras tinha como objetivo principal colocar em circulação artigos estrangeiros que podiam ser de diferentes tipos e origens. Como foi visto no capítulo anterior, os agentes e donos de firmas de exportação e importação tinham que conhecer bem o comércio no qual atuavam, transitando e mantendo negócios tanto no exterior como no Brasil. Segundo Daniel Roche, a cidade pode ser entendida como o centro de uma organização econômica que se sustenta na acumulação e na redistribuição de rendas territoriais, de impostos, de lucros do comércio e das manufaturas. Nela coexistem diversos tipos de negócios, sendo que o negociante está no centro do que circula, como um dos principais atores urbanos da aceleração do consumo[1]. De fato, a introdução e a distribuição de produtos realizadas por esses importadores a partir de cidades portuárias, como Santos, ao mesmo tempo em que expandiram o leque de artigos disponíveis no comércio local, disseminaram os valores e práticas das sociedades nas quais eles eram produzidos. Assim, neste capítulo, a discussão se voltou para o universo dos objetos importados presentes em Santos, sua variedade e publicidade, partindo, primeiramente, da formação de um quadro geral daquilo que estava entrando pelo Porto de Santos nas três últimas décadas do século XIX a fim de contribuir para análise das questões culturais imbricadas no consumo desses artigos. A gama de produtos oferecida foi recuperada não somente nos anúncios publicitários da época como também por meio de manifestos publicados

1. Daniel Roche, *História das Coisas Banais: Nascimento do Consumo nas Sociedades do Século XVII ao XIX*, Rio de Janeiro, Rocco, 2000, pp. 61, 66.

em dois jornais da cidade: *Diário de Santos* e *Cidade de Santos*[2]. Esse tipo de informação tornou possível o mapeamento do trânsito comercial das mercadorias, identificação dos portos de onde partiam, a sua variedade e a quantidade, associados aos nomes dos seus principais importadores e respectivas firmas situadas junto ao porto santista. Desta forma, a preocupação inicial foi conhecer mais especificamente quais os artigos que estavam na pauta de importação daqueles negociantes já examinados nos capítulos anteriores, assim como o caminho percorrido por esses produtos até chegarem à cidade portuária paulista.

Sobre a utilização de manifestos, Maria das Graças de Souza Teixeira apontou o quanto foi reveladora a investigação de documentos deste tipo, gerados pela alfândega, na viabilização do percurso dos brinquedos que chegavam ao Estado da Bahia nos Oitocentos. Manifestos e notas de despachos eram "utilizados para registrar mercadorias consideradas sérias como medicamentos, mobílias, obras de arte, gêneros alimentícios", além de "descreverem a quantidade, preços, natureza dos produtos que chegavam, oriundos dos portos estrangeiros"[3]. Em relação a São Paulo, Deaecto comentou a dificuldade de se obter dados mais específicos sobre o movimento de mercadorias pela alfândega, o que ajudaria a conhecer qualitativamente o que cada país exportava e a forma como se dava a distribuição dos produtos entre os agentes[4]. De fato, os dados não puderam ser obtidos a partir da fonte primária, mas sim na sua publicação em jornais de Santos que pareciam nem sempre terem o acesso desejado a tais informações, como se pode observar pela nota:

> Manifestos de importação – Não sendo possível obtermos os manifestos, em razão do Dr. Delius não querer deixar copiá-los, declarando não os dar senão com estipêndio pecuniário, e da dificuldade que temos em tirá-los da respectiva repar-

2. Ver notas 34 e 35.
3. Para conhecer o movimento do Porto de Salvador em relação aos brinquedos, Teixeira se utilizou dos manifestos e notas de despacho de importação arquivados na seção Alfandegária do Arquivo Público do Estado da Bahia (Maria das Graças de S. Teixeira, *Infância, Sujeito Brincante e Práticas Lúdicas no Brasil Oitocentista*, Salvador, Universidade Federal da Bahia, 2007, pp. 17-18, 114, 141, tese de doutorado).
4. Marisa Midori Deaecto, *op. cit.*, p. 46.

tição, fazemos um apelo aos consignatários, esperando se prestarão a dar-nos com a possível presteza, a fim de publicarmos[5].

Felizmente, os manifestos foram publicados regularmente nestes dois jornais que circulavam na cidade. Ao observá-los no decorrer das décadas em estudo, algumas características se tornaram perceptíveis. Eles foram se tornando extensos com a inclusão de novos portos e de mais nomes de importadores a quem as mercadorias eram destinadas e a forma de organização das informações foi sempre a mesma: nacionalidade e nome do navio, procedência, quantidade e natureza dos artigos importados e nome da pessoa física ou jurídica a quem se destinavam as mercadorias. Os dados obtidos por amostragem, ao serem organizados, possibilitaram a construção de um quadro de importados para cada firma importadora e ajudaram na compreensão dos aspectos qualitativos do comércio internacional. Na primeira parte do texto foi dada ênfase para as principais características desse comércio levantadas por meio do exame dos respectivos dados de importação.

3.1. Casas importadoras e os produtos importados

No início do século xx, as importações do Brasil se compunham especialmente de artigos manufaturados, gêneros alimentícios e objetos de luxo. Esse dado está na obra de propaganda *Impressões do Brasil no Século xx* cujo texto indicou ainda que "a proporção de objetos acabados, isto é, que não exigiam manipulação no Brasil", no decorrer "dos últimos 35 anos", estava diminuindo na medida em que a proporção de matéria bruta e utensílios para a agricultura e indústria crescia. O texto também apresentou os artigos importados divididos em três classes e trouxe uma pequena explicação sobre cada uma delas: a Classe i era aquela constituída pelos animais vivos, principalmente animais reprodutores como carneiros, gado e cavalos; a Classe ii compreendia matérias brutas e ar-

5. *Diário de Santos*, 1873.

tigos destinados às artes e indústrias, como o carvão; a Classe III era a de artigos manufaturados, entre eles, trilhos e outros materiais de construção, em ferro e aço, manufaturas de algodão, maquinismos e seus pertences, produtos diversos, como querosene, produtos químicos, papel e suas aplicações, armas e munições, carros, vagões para estradas de ferro e automóveis, perfumarias, tintas e vernizes, produtos de lã e de seda, instrumentos musicais, móveis, objetos de couro; a Classe IV é a dos gêneros alimentícios, como o trigo em grão, farinha de trigo, vinhos e licores, bacalhau, charque, forragens, batatas, arroz, azeite, peixe, leite condensado e manteiga[6]. Este tipo de classificação não apareceu nos manifestos, mas foi utilizada como guia para organização das informações obtidas nos jornais santistas sobre os objetos que eram trazidos pelas importadoras.

O período investigado pela pesquisa foi marcado pela entrada de artigos estrangeiros que vinham em especial dos portos europeus. Como Warren Dean observou, o "comércio brasileiro se achava divido", com os britânicos ocupando uma posição primordial nas importações brasileiras e, em seguida, os alemães atuando de forma agressiva no mercado. Dean complementou a informação afirmando que, em São Paulo, em menor escala, estavam os franceses, portugueses, italianos e norte-americanos que também abasteciam os paulistas com mercadorias, serviços de capitais e outros negócios[7]. A partir dos manifestos, notou-se que as últimas nacionalidades, italianos e norte-americanos, tiveram seus portos participando desse comércio que incluía Santos, de modo mais ativo, na década de 90 dos Oitocentos.

A firma de importação inglesa F. S. Hampshire & C. recebia no porto santista mercadorias provenientes de Liverpool, Southampton e Londres, na Inglaterra. Entre os produtos oriundos dos portos ingleses estavam gêneros alimentícios, como caixas de cerveja e barris de vinho, caixas de presuntos, barris de banha, de farinha de trigo e de arenques; matéria-prima bruta para construção, então discriminada como pedras para moinhos; artigos manufaturados como chapas de ferro e atados de

6. Reginald Lloyd, *op. cit.*, p. 453.
7. Warren Dean, *op. cit.*, pp. 54-55.

ferro galvanizado, caixas de pólvora, latas de óleo, volumes de maquinismo, por vezes, especificado como maquinismo para agricultura, artigos de escritório como papel, engradados de louças, às vezes aparecendo como louça de barro, e volumes de mobílias, então caracterizado como cama de ferro; a casa recebeu ainda de vapores alemães caixas com fósforos, barris de azeite e, dos franceses, caixas de manteiga[8].

Com base no quadro formado, pode-se inferir que pelo fato da casa ser agente da Lamport & Holt, os vapores vinham em maior número dos portos ingleses de Liverpool e Southampton trazendo para Santos gêneros alimentícios e artigos manufaturados ingleses. Contudo, isto não excluía os produtos procedentes de outros portos trazidos por navios de diferentes nacionalidades destinados à firma. É também possível reafirmar o que Richard Graham indicou como uma das características das casas importadoras inglesas. Utilizando-se de manifestos da firma Nathan Brothers, publicado no *Jornal do Comércio* de 1850, Graham concluiu que a maioria das firmas de importação, tanto as pequenas como as grandes, não era especializada, interessando-se por comercializar uma grande variedade de produtos. Contudo, destacou, dentre esta grande variedade, os tecidos, como o mais importante item proveniente da Grã-Bretanha desembarcado no Brasil, situação que permaneceu até o início da década de 90 dos Oitocentos. De acordo com os manifestos do Porto de Santos, este parece não ter sido o principal artigo importado pela casa inglesa Hampshire situada na cidade. Na gama de objetos trazidos para a região, embora nem sempre especificados, estão outros produtos provenientes da Grã-Bretanha, alguns deles, possivelmente, em meio aos também citados por Graham, como os enumerados a seguir: máquinas agrícolas, como arados, conjuntos de trilhos portáteis para transportar a cana, motores a vapor, caldeiras e equipamentos para destilarias, máquinas de debulhar café e prepará-lo para exportação, descaroçadores de algodão[9].

8. As embarcações envolvidas no comércio internacional daquela época podiam ser de diversos tipos. Além dos vapores, houve referências a brigues, escunas, patachos, tugres e barcas procedentes de portos estrangeiros.
9. Richard Graham, *op. cit.*, pp. 90-93.

Outra firma inglesa, a Edward Johnston & C., recebia em Santos gêneros alimentícios, como barris e caixas de vinho e de cerveja, produtos manufaturados voltados para o vestuário, diferenciados como caixas de roupas e de fazendas. Caixas de ferramentas, fardos de aniagem e objetos do universo doméstico, como caixa de brinquedos. Aqui, os brinquedos apareceram discriminados, mas não era sempre que isso ocorria, como explicou Teixeira:

> O brinquedo, muitas vezes, não é especificado nos documentos como qualquer outro produto, visto que nem sempre é percebido como objeto de compra, venda e troca no mundo da busca da lucratividade das transações comerciais. Embora participe deste universo, como qualquer mercadoria, o brinquedo esteve sempre arrolado no grupo das miudezas, quinquilharias, dentre outros[10].

Ao acompanhar os manifestos da casa se verificou que na pauta das importações estavam principalmente os gêneros alimentícios e manufaturados procedentes dos portos alemães de Hamburgo e Bremen, que pareciam ser os que mais interessavam à firma, representante em Santos da companhia de navegação hamburguesa Hamburg-Süd.

A variedade de produtos importados e de portos envolvidos nas práticas comerciais de uma mesma firma mostrou-se mais claramente ao percorrer os manifestos das casas importadoras alemãs. Foi o caso da firma Zerrenner Bulow & C., que negociava com portos alemães, como Hamburgo, Bremen e Stettin, mas também recebia mercadorias de Antuérpia, Liverpool, Londres, Havre, Lisboa e Nova Iorque. Embora a indústria alemã se desenvolvesse rapidamente na produção de ferro e aço e também no setor químico[11], era considerável a diversidade de produtos procedentes de seus portos. Esta casa importava gêneros alimentícios, em especial, caixas de cerveja, água mineral, vinho, bacalhau, presuntos, salames, conservas, às vezes especificadas como legumes e peixes em conserva, chocolate, amêndoas, leite condensado, queijos, ca-

10. Maria das Graças de Souza Teixeira, *op. cit.*, p. 129.
11. Marisa Midori Deaecto, *op. cit.*, p. 55.

nela, fardos de cravo-da-índia. Matéria-prima bruta também constava na lista de importados, como carvão de pedra em toneladas, barris de cevada e caixas de lúpulo.

Os artigos manufaturados eram bastante diversificados, compondo-se de materiais de construção, como barras, chapas e pilares de ferro, aço, barricas de cimento, canos de barro, toda sorte de ferragens, ferramentas, caixas de pregos arrebitados e do tipo "pontas de paris", fechaduras, fechos de ferro, barricas de tintas, caixas de vidros de espelho, tábuas, material elétrico, isoladores. Ainda traziam outros tantos artigos variados, como produtos químicos, fósforo, chumbo de munição, pólvora, barricas de giz, caixas com lampiões, fardos de rolhas, de barbante, de papel de embrulho, livros, cartas de jogo, caixas de charutos, molduras, malas, obra de cesteiro, órgão, piano, aparelhos elétricos e telefônicos, pertences de bicicleta, fogão, louças, especificadas como louça de barro, pó de pedra ou esmaltada, pratos, garrafas vazias, caixas com copos para cerveja, mobílias e perfumarias; no quesito vestuário apareceram guarda-chuvas, artigos de algodão, roupas de linho, roupas usadas, mantas, e outros objetos sob a denominação de caixas de miudezas e de quinquilharias. Também entre os objetos importados pela firma foram citados pranchões e costaneira para estiva que poderiam ter sido usados em Santos, na construção do equipamento portuário, no contexto examinado no primeiro capítulo.

Assim como as miudezas e quinquilharias, alguns itens apresentados sob a denominação ferragens podiam incluir vários produtos, o que ampliaria ainda mais o leque dos artigos importados, entre eles podiam estar enxadas de ferro, fechaduras de caixas e portas, dobradiças mecânicas, pinos de dobradiça, pás, facas de ponta, canivetes com saca rolha, flames, navalhas, plainas de ferro para carpinteiros, colheres de metal para sopa e chá, freios e esporas, cadeados, limas, pregos de várias qualidades, cravos, bigornas, tornos, tintas, papel de peso e de máquina, espoletas, pistolas, clavinas e alfinetes de ferro[12].

12. Richard Graham, *op. cit.*, p. 93.

Um mesmo vapor antes de chegar a Santos, na ocasião de fazer escalas, podia receber mercadorias em portos de outras nacionalidades por onde transitava. Foi o caso dos vapores com destino à firma de Zerrenner e Bulow, vindos de Bremen, Hamburgo ou Liverpool, que atracavam na cidade belga, Antuérpia, onde eram abastecidos com mais um tanto de produtos, entre eles, vinho, água mineral, cerveja, sardinha, batatas, lúpulo, vidros para vidraças, telhas, rolos de arame, ferragens, material para luz elétrica, alvaiade de chumbo e de zinco, cápsulas para garrafas, mobílias, molduras, catálogos. Há de se ressaltar que, por conta de vantagens comerciais, portos como este poderiam ser utilizados para reexportação e baldeação de mercadorias que eram importadas pela Bélgica, mas que antes de serem taxadas seguiam em destino a outros países, neste caso, o Brasil. Outro porto envolvido em escalas foi o de Lisboa onde caixas de vinho, água mineral, volumes de papel, cachimbos e água de *cologne* foram embarcados.

Outros dois países que enviavam frequentemente produtos à Zerrenner Bulow & C. foram a Inglaterra e a França. Oriundos de Liverpool os vapores ingleses trouxeram à importadora, gêneros alimentícios como caixas de bebidas, classificadas em genebra e *whisky*; produtos manufaturados diversos, barras e chapas de ferro, ferro galvanizado, folhas de flandres, feixes de aço, coque, peças de chumbo, tubo, trilhos, ferragens, pregos, por vezes, citados como pregos arrebitados, esteiras, torradores, material para telégrafo, tinta, couro, rolos de corda, pedras de amolar, agulhas, tapetes, velas, louça de barro, às vezes, identificada como pratos e, por fim, bicicletas; de Londres, pertences para vagões, rodas e eixos; do Havre, os vapores franceses trouxeram artigos alimentícios como a bebida *champagne*, caixas de batatas, manteiga e porcelanas. Já para os últimos anos do século XIX, encontravam-se produtos provenientes de Nova Iorque trazidos por embarcações britânicas, como caixas com objetos para telefone, espingardas, cartuchos e mosqueteiros. Assim, pode-se dizer que havia um amplo interesse da firma em importar artigos voltados para alimentação, matérias-primas utilizáveis em fábricas e produtos manufaturados de todo o tipo e de diversas procedências. Uma vez que chegavam ao Porto de Santos, por intermédio da casa, eles podiam ser destinados ao abastecimento tanto do próprio comércio da cidade como serem encaminhados para São Paulo.

Outra casa alemã, a Theodor Wille & C., além de itens já mencionados, como conservas, cervejas e vinhos, trazia de Hamburgo outros produtos alimentícios, eram eles, barricas de sal amargo, garrafões de vinagre e a bebida *bitter*. Dentre os artigos manufaturados, notou-se também a repetição de muitos deles, como barricas de ferro, cimento, vidros, chumbo de munição, fósforos, fardos de barbante, papel, ferragens, garrafões vazios. No Porto de Liverpool eram embarcadas latas de óleo de linhaça ou simplesmente tambores de linhaça, ferro galvanizado, folhas de flandres, maquinismo, alvaiade, latas de óleo, caçarolas, pregos, panelas de ferro, vasilhas; dos portos franceses do Havre, manteiga e sardinhas; de Marselha, caixas da bebida *vermouth* e cobertores; de Lisboa, vinho; de Nova Iorque, querosene.

Em meio a esses produtos foi de fato notória, conforme tratado no capítulo 2, a importação dos tecidos pela casa, desde aniagem que podia ser utilizado na confecção de fardos até as fazendas para roupas. Às rotas de comércio deste produto não pertenciam somente os portos das cidades alemãs, incluindo-se nesse trânsito os de Antuérpia e de Liverpool. Houve também algumas especificações para o artigo, como fazendas de linho e de lã, algodões brancos, alvejados e estampados e baeta de lã.

O importador alemão Gustavo Backheuser recebia mercadorias, com mais frequência, de Hamburgo. A gama de produtos importados também se constituía de bebidas alcoólicas, cervejas e licores, água mineral, bacalhau, manteiga, limas; objetos manufaturados, alguns semelhantes aos dos demais importadores, entre eles, máquinas, barra de ferro, fardos de aniagem, aço, tinta, ferramentas, torneiras, fechos de ferro, feixes de caçarola, escovas, cabos de madeira, tubos de borracha, objetos de vidro, pincéis, lápis, piano, fogões, colheres, saca-rolhas, fazendas e alguns diferentes como objetos de farmácia. Em escala na Antuérpia foram embarcados calçados. De Liverpool, cerveja preta e de vapores norte-americanos procedentes de Nova Iorque, caixas de *bitter* e manteiga.

A entrada de produtos provenientes da França, em São Paulo, foi intermediada por negociantes situados no Rio de Janeiro durante muitas décadas até o momento em que a região se tornou um mercado consumidor relevante[13] e passou a atrair casas importadoras e filiais como a Augusto Leuba & C. e a Karl Valais & C. A primeira importava a partir de três portos da França, eram eles, de Bordeaux, do Havre e de Marselha. Os artigos que chegavam mais frequentemente eram os alimentícios, aí se incluindo as bebidas, vinhos, licores, *champagne*, aguardente, genebra, água mineral, *bitter*, cerveja, além de amostras[14] de licores, caixas de frutas, azeite, sardinhas, manteiga, batatas, sementes, mortadela, conservas, frutas em calda, chocolates, queijos, ameixas, mostarda e barricas de farinha de trigo. O interesse por esses gêneros voltados para a alimentação fez com que a casa estabelecesse contatos comerciais com uma diversidade de outros portos, entre eles, o de Antuérpia, de onde recebia caixas de genebra e cestos de batata, Porto de Hamburgo, do qual vinham caixas de água mineral, garrafões de vinagre e cerveja, de Liverpool, cervejas, molhos, presuntos, mostarda, de Londres, conservas e azeitonas, de Lisboa, batatas, cebolas, alhos, frutas, figos, erva-doce, da Cidade do Porto, vinho, de Leixões, vinho e caixas com camarões, de Nova Iorque, barris de banha e camarões e de Gênova, caixas de leite.

Entre os produtos manufaturados que vieram de portos franceses com destino à firma estavam caixas com papel para cartas, ou simplesmente, papel para escrever, livros, lampiões, móveis, ladrilhos, barricas de porcelana, espelhos, objetos de relojoeiro, agulhas para máquinas, acendedores, verniz, balança. No setor de vestuário, destacam-se dois objetos que apareceram especificados de modo mais frequente nos manifestos, os chapéus ou objetos de chapeleiro e calçados, entre eles, chinelos. Além desses, fitas, fazendas, algodão, linho, roupa branca e couros

13. Deaecto se refere ao mercado de artigos supérfluos que se desenvolveu com mais intensidade a partir dos anos 1880-1890, com a expansão da economia cafeeira e a chegada das famílias emergentes em São Paulo, desejosas de ostentar sua riqueza na cidade (Marisa Midori Deaecto, *op. cit.*, p. 49).

14. As amostras eram comuns entre as mercadorias manifestadas. A maioria dos importadores as recebia, embora não estivesse especificado na fonte a quais produtos correspondiam como aconteceu neste caso.

também foram mencionados, todos artigos que podiam ser provenientes tanto da França, da Inglaterra como da Alemanha.

A segunda casa, a Karl Valais & C., também recebia com certa frequência da França e de outros países artigos alimentícios. De Marselha e do Havre vieram caixas de azeite, azeitonas, peixes e carnes salgadas, legumes, manteiga, queijo, sardinhas, conservas, frutas, batatas, manteiga e biscoitos, assim como vinhos, *vermouth*, conhaque e licores. De Hamburgo, sacos de arroz, da Antuérpia, caixas de genebra, de Gênova, massas, de Nova Iorque, barris de banha e de farinha, de Liverpool, biscoitos. O fato dos artigos indicados nos manifestos terem se concentrado no grupo dos alimentícios não excluía o recebimento de outros tantos, como barris de chumbo, querosene, fardos de crina vegetal, telhas, tijolos, aniagem, enxadas, peneiras, caixas de velas, cartazes, perfumarias ou, simplesmente, artigos de Paris.

As firmas portuguesas atuantes no comércio internacional, assim como as demais, também traziam artigos de diversos países. Foi o caso da Bento de Souza & C. que recebeu gêneros alimentícios provenientes de vapores e portos alemães como Hamburgo, entre eles, batatas e sacos de arroz. Depois estes mesmos navios faziam escala em Lisboa onde podiam ser embarcados figos, cebolas, castanhas, polvo seco, batatas, azeite, sardinhas, massa de tomate, conhaque e vinho. No lugar de um vapor alemão podia ser um francês que partia do Havre fazendo escala em Lisboa onde era abastecido com o mesmo tipo de gênero. Já no final da década de 90 dos Oitocentos, podem ser encontrados produtos procedentes de Nova Iorque onde vapores ingleses eram abastecidos com tinas de bacalhau. E, por fim, vapores italianos partindo de Gênova com uma variedade de queijos, presuntos, azeites, atum, massa de tomate, vinho até tecidos de algodão e guarda-chuvas. Já a Ferreira de Souza & C. se voltou especialmente para importação de artigos manufaturados que vinham do Havre, como ferramentas, escovas ou brochas, alvaiade de zinco, quinquilharia e de Liverpool, como ferragens, pregos, enxadas, engradados, baldes, dobradiças, escovas, lápis, vasilhas.

Todos esses quadros de produtos, organizados a partir dos manifestos do Porto de Santos, sustentam uma importante característica do comércio de importação do período que foi a não especialização por parte das casas importadoras. Mesmo sendo formadas por ingleses, alemães, franceses, portugueses, por vezes, agentes de certas companhias de navegação estrangeiras, elas não limitavam seus negócios a um único produto ou país. Os navios esperados no porto santista podiam ser procedentes de diferentes portos, entre eles, Liverpool, Hamburgo, Havre, Antuérpia, Lisboa, Nova Iorque, Gênova, onde eram embarcadas mercadorias variadas que, em geral, se enquadravam nos gêneros alimentícios e manufaturados. Não se pode precisar se os produtos manifestados eram originalmente produzidos nos países onde se localizavam os portos por onde eles partiam. Contudo, dada às características de produção dos países envolvidos, pode-se deduzir que artigos ingleses, alemães, franceses e mais no final do século, também os italianos e norte-americanos, estavam sendo introduzidos no comércio da região por essas firmas importadoras situadas junto ao porto santista. Se por um lado havia o interesse por parte dos europeus e norte-americanos de expandir seus mercados, por outro, havia na região paulista o desenvolvimento crescente das condições socioeconômicas para o consumo de todos esses produtos desembarcados na cidade portuária da Província de São Paulo.

3.2. Os importadores e os importados nos jornais de Santos

Do sistema capitalista de produção e consumo que se instalava no Brasil também fazia parte a propaganda, utilizada pelos comerciantes para anunciar suas lojas e os artigos disponíveis. Como são voltados para um público consumidor, os anúncios revelam os valores atribuídos aos objetos comercializados, tornando perceptíveis os significados culturais em vigor ou em difusão na sociedade em que essas mensagens circulavam[15]. Foi possível observar ainda se o comércio da época era sortido, movimentado, com uma clientela variada, ou o contrário, pacato, focado somente em um grupo de consumidores e certos tipos de

15. Heloisa Barbuy, *op. cit.*, p. 77.

artigos[16]. Segundo Ana Luiza Martins, no século XIX, em especial nas suas três últimas décadas, a "publicidade com caráter propagandístico" foi inaugurada com anúncios classificados, diretos e lacônicos e, em uma segunda fase, aprimorada com a introdução de recursos visuais junto aos textos[17]. Em Santos, notou-se que os anúncios publicados em jornais e em almanaques tiveram na maior parte do período um caráter predominantemente informativo, com tímidas ilustrações, mesmo assim, foi possível identificar suas principais características, entre elas, como os importadores anunciavam seus serviços e produtos que importavam, quais eram os artigos importados divulgados na cidade e as estratégias mais utilizadas pelos comerciantes locais para atingir um público interessado nesses objetos, juntamente com os diferentes usos e padrões de comportamento que estavam imbricados no seu consumo.

Ao longo do período as casas importadoras estiveram mais preocupadas em alardear os vapores das companhias de navegação das quais eram representantes na cidade do que os produtos que importavam. Neste tipo de anúncio havia algumas informações colocadas em evidência através de letras maiores ou em negrito, sendo elas, o nome do vapor, a procedência, a companhia de navegação a qual ele pertencia, as escalas a serem realizadas a partir de Santos, o nome da firma representante e o seu endereço na cidade, além de outros dados menos relevantes como o nome do comandante ou capitão da embarcação e referências sobre cargas e passageiros (Figuras 12, 13 e 14).

No final do século, observa-se a permanência dos mesmos anúncios com algumas informações adicionais. O conjunto delas demonstrava uma preocupação maior não só em transmitir a mensagem principal como conquistar o público para consumir os seus serviços, atribuindo a

16. Maria Luiza Ferreira de Oliveira, *Entre a Casa e o Armazém: Relações Sociais e Experiência da Urbanização (1850-1900)*, São Paulo, Alameda, 2005, p. 211.

17. Martins explica que a propaganda foi contemporânea ao nascimento da imprensa, enquanto a publicidade foi incorporada na década de 70 dos Oitocentos, quando a concorrência entre as empresas se tornou mais acirrada na disputa pelo mercado consumidor. Ela era mais um mecanismo de aceleração do consumo, utilizado na competição pela demanda (Ana Luiza Martins, *Revistas em Revista: Imprensa e Práticas Culturais em Tempos de República [1890-1922]*, São Paulo, Edusp, 2001, pp. 253-257).

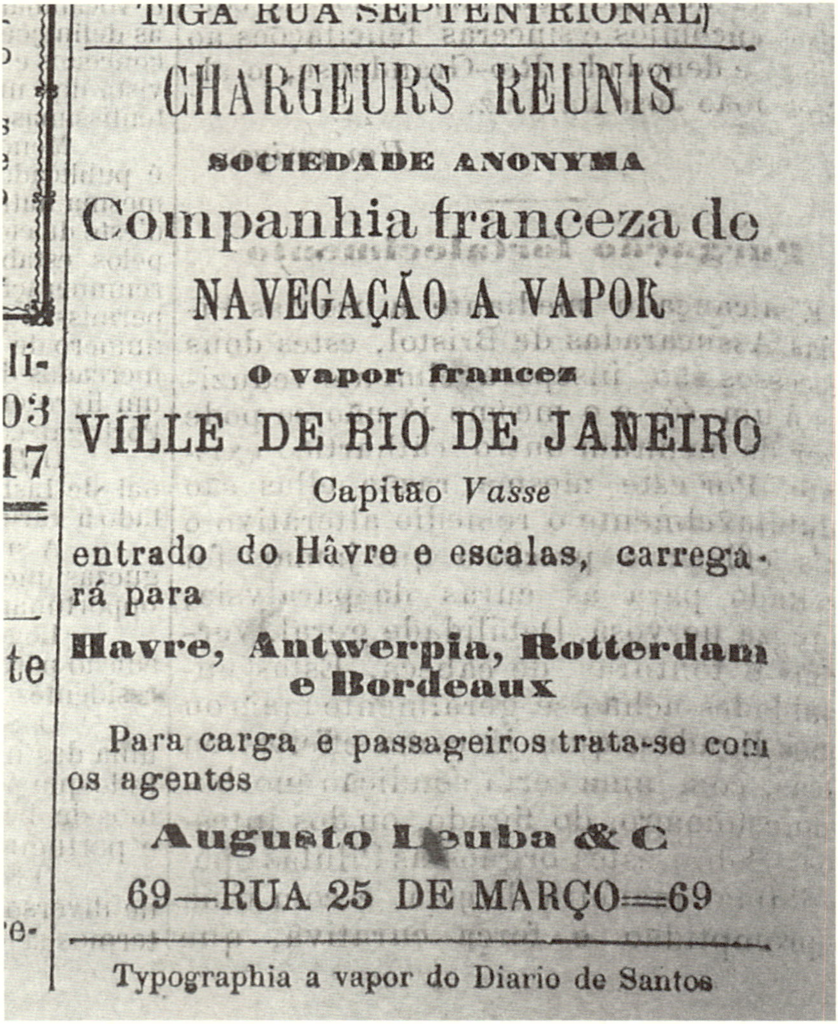

TIGA RUA SEPTENTRIONAL)

CHARGEURS REUNIS

SOCIEDADE ANONYMA

Companhia franceza de

NAVEGAÇÃO A VAPOR

O vapor francez

VILLE DE RIO DE JANEIRO

Capitão *Vasse*

entrado do Hâvre e escalas, carregará para

Havre, Antwerpia, Rotterdam e Bordeaux

Para carga e passageiros trata-se com os agentes

Augusto Leuba & C

69—RUA 25 DE MARÇO—69

Typographia a vapor do Diario de Santos

FIGURA 12. *Anúncio da Augusto Leuba & C.* (Diário de Santos, *1879*).

AVISOS MARITIMO

NORDDEUTSCHER LLOYD
DE BREMEN
o paquete
KOELN
Commandante *Jüngst*

esperado **hoje** de **Bremen** e escalas,
carregará para
Antuerpia,
Hamburgo
e Bremen

Recebendo tambem carga em baldeação para AMSTERDAM, ROTERDAM e outros portos.
Para mais informações com os agentes

ZERRENNER, BULOW & C.
RUA DE JOSÉ RICARDO N. 2

Figura 13. *Anúncio da Zerrenner, Bulow & C.* (Diário de Santos, *1879*).

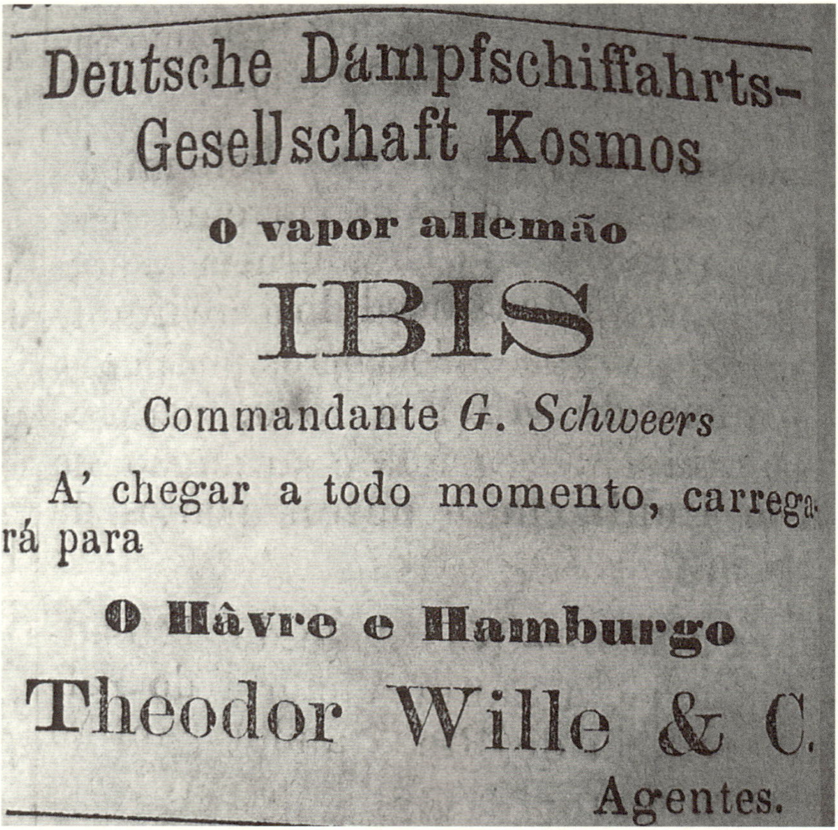

Deutsche Dampfschiffahrts-
Gesellschaft Kosmos

o vapor allemão

IBIS

Commandante *G. Schweers*

A' chegar a todo momento, carregará para

O Hâvre e Hamburgo

Theodor Wille & C.

Agentes.

Figura 14. *Anúncio da Theodor Wille & C. (*Diário de Santos, *1879)*.

eles qualidades valorizadas na época, como se pode notar neste anúncio da Edward Johnston & C., agente da Hamburg Süd, que caracterizou seus vapores como "o novo e magnífico", "de construção moderna" com "os melhoramentos necessários para facilitar aos Srs. passageiros toda comodidade" (Figura 15).

A palavra novidade possuía um grande apelo na propaganda da época, funcionando como um vocábulo "mágico" que despertava imediatamente o interesse do consumidor e por isso estava presente em anúncios

Hamburg-Südamerikanische Dampfs-
chifffahrts Gesellschaft

Serviço semanal entre Santos e Hamur

COM ESCALAS PELO

RIO DE JANEIRO, BAHIA E LISBOA

Vapores esperados:

Paraguassû, Corrientes e Petropolis

O NOVO E MAGNIFICO PAQUETE ALLEMÃO

Belgrano

Capitão J. SCHREINER

Sahirá, no dia 12 de outubro para

Rio de Janeiro, Bahia, Lisboa, Rotterdam e Hamburgo

Todos os vapores são de construcção moderna, tendo os melhoramentos necessarios para facilitar aos srs. passageiros toda commodidade.

Preço de passagem de 3ª. classe para Lisboa 100$000. Recebem passageiros para as ilhas dos Açores e Madeira.

Para fretes, passagens e mais informações com os agentes

E. JOHNSTON & COMP.

RUA DE SANTO ANTONIO N.º 41—SOBRADO

N. B.—Não se attenderá mais a nenhuma reclamação por faltas que não forem communicadas por escripto á agencia, até 3 dias depois da entrada dos generos na Alfandega.

No caso em que os volumes sejam descarregados com termo de avaria é necessaria a presença da agencia no acto na abertura, para se poder verificar os prejuizos e faltas que houver.

Figura 15. *Anúncio da E. Johnston & C.* (Cidade de Santos, *1898*).

diversos[18]. Sua utilização refletia a transição de um sistema anterior, caracterizado pela tradição e por uma "estabilidade dos artefatos", para um período em que as mudanças se tornavam rápidas e no qual se desenvolvia uma "moderna febre de novidades" e de "celebração do presente", tendo seus desdobramentos também nas formas de fazer propaganda[19]. Esse tipo de mensagem das firmas de importação era frequente nos jornais santistas e ocupavam, a princípio, apenas uma parte das suas últimas páginas. Com o passar do tempo, o espaço publicitário foi aumentando à medida que o periodismo se tornava mais dependente em relação aos seus anunciantes, sendo que entre eles, estavam os importadores[20]. Não existiram muitos anúncios veiculados aos objetos importados por essas casas, certamente, por conta de serem elas intermediárias neste comércio com o exterior e não possuírem lojas propriamente ditas, embora, executassem o papel primordial na circulação dessas mercadorias, abastecendo os mais diversos estabelecimentos. O seu público consumidor podia ser composto de outros comerciantes que faziam encomendas desses artigos estrangeiros e que, para tanto, precisavam se informar justamente a respeito da chegada e saída dos vapores, das escalas e de onde encontrar os seus respectivos agentes. Entre os poucos artigos anunciados estavam as bebidas, como conhaque e cerveja, com os nomes das respectivas marcas ou selos dos fabricantes e as firmas que as importavam evidenciadas (Figuras 16, 17 e 18).

A proposta era associar o produto ao seu importador que era apresentado como "único" na cidade e na Província. Tal exclusividade além de ser mais um apelo de propaganda, chamava a atenção do público para o problema das falsificações. Era comum os anúncios de bebidas explicarem como evitar o engano de comprar artigos não legítimos. Segundo as dicas, o consumidor poderia observar se nos rótulos estava firmada a declaração *"imported by..."*, "importado por", se o selo do fabricante estava presente ou se as rolhas das garrafas continham as respectivas

18. Ana Luiza Martins, *op. cit.*, p. 262.
19. Gilles Lipovetsky, *apud* Heloisa Barbuy, *op. cit.*, p. 77.
20. *Idem*, p. 264.

Figura 16. *Anúncio da José Bento de Souza & Irmãos (*Diário de Santos*, 1881).*

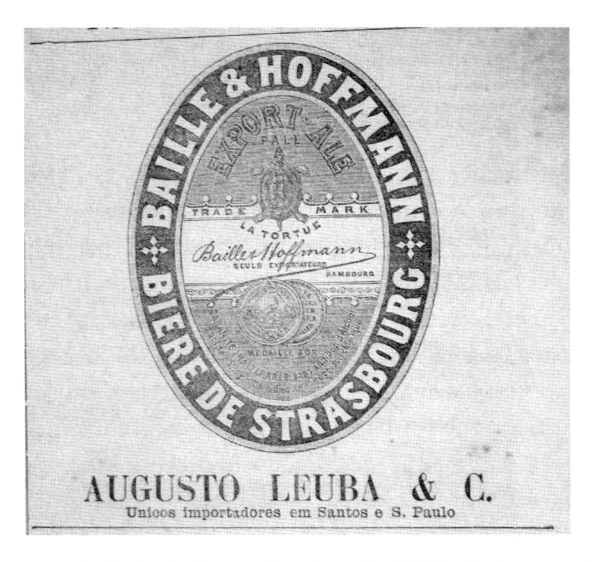

Figura 17. *Anúncio da Augusto Leuba & C. (*Diário de Santos*, 1887).*

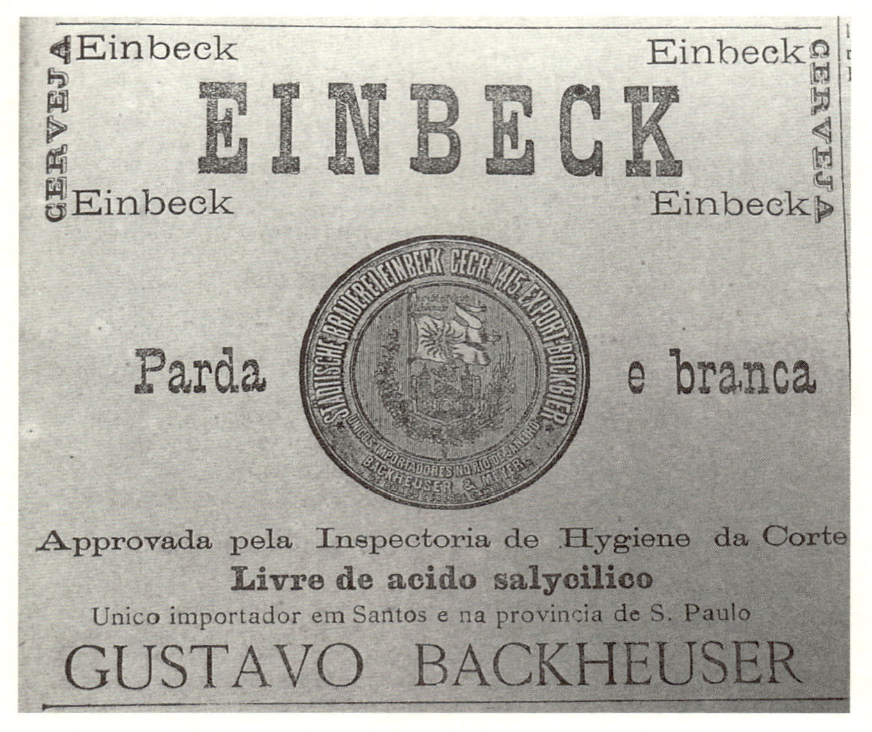

Figura 18. *Anúncio de Gustavo Backheuser (*Diário de Santos*, 1887).*

firmas. Conforme alertavam os importadores, essas indicações poderiam fazer com que o comprador não viesse a ter prejuízo ao adquirir por preços altos imitações do gênero importado, além de que, ao estar prevenido contra as falsificações, o consumidor ajudaria o importador a não ter prejudicada a boa reputação de que gozasse no comércio local.

Sabe-se que a questão das falsificações no período investigado perpassou, em especial, os artigos franceses. Os preços altos com os quais chegavam ao Brasil fizeram com que não somente o consumidor, mas também o próprio comerciante francês se interessasse por adquirir para venda artigos falsos ou similares. Os alemães conseguiam produzir e distribuir mercadorias com preços mais baixos, por isso, seus artigos podiam circular com mais facilidade nas lojas da época. Se a boa fama de que gozavam os produtos franceses não era alcançada pelos artigos da indústria alemã, as marcas e etiquetas da França podiam ser falsificadas pelos próprios alemães, como por exemplo, as dos tecidos, copiados tanto por esses últimos como por ingleses[21].

Ao investigar também os anúncios de diversas casas comerciais situadas em Santos percebeu-se que os produtos estrangeiros eram colocados à disposição dos consumidores santistas. Uns dos principais artigos importados oferecidos na cidade foram aqueles pertencentes aos gêneros alimentícios. Eles eram anunciados de modo a despertar a atenção dos interessados em preços reduzidos, cômodos, muito baratos ou com a possibilidade de descontos, caso os produtos fossem adquiridos em maior quantidade. Este tipo de apelo demonstrava o que Heloisa de Faria Cruz chamou de um investimento na "popularização do consumo", momento este em que o "povo e o popular começam a aparecer como personagem e destinatário dessa linguagem"[22]. Em contrapartida, em uma mesma mensagem, o convite feito aos consumidores podia evocar "excelentíssimas famílias" e "fregueses de bom gosto" da cidade para os "deleites da vida". Estes prazeres se realizariam por meio do consumo de artigos finos como vinhos do Porto, da Madeira, *bordeaux*, *champagne*, licores, conhaques, conservas, geleias francesas, biscoitos ingleses, amêndoas e azeites.

Os nomes dos estabelecimentos também contribuíam neste aspecto. Ao se utilizarem de palavras no idioma francês, como as das lojas Aux Caves Bordelaises e Maison Culty, os proprietários buscavam revestir as suas mercadorias do mesmo prestígio de que dispunham os produtos franceses, além de aproximar a sua loja de uma espécie de "aura cosmopolita" na qual os estabelecimentos parisienses estavam imersos[23].

21. Vanessa dos Santos Bodstein Bivar, *op. cit.*, pp. 134-135.
22. Heloisa de Faria Cruz, *São Paulo em Papel e Tinta: Periodismo e Vida Urbana, 1890-1915*, São Paulo, Educ/Fapesp/Arquivo do Estado de São Paulo/Imprensa Oficial de São Paulo, 2000, p. 160.
23. Heloisa Barbuy, "Comércio Francês e Cultura Material em São Paulo na Segunda Metade do Século XIX", em Laurent Vidal e Tânia Regina de Luca (orgs.), *Franceses no Brasil: Século XIX-XX*, São Paulo, Unesp, 2009, p. 197.

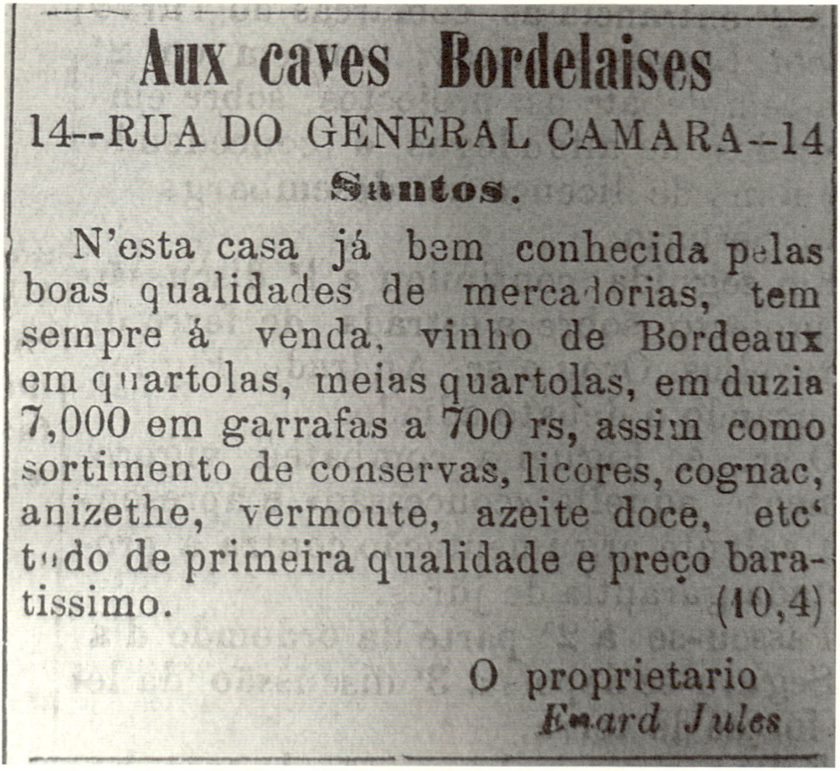

Aux caves Bordelaises

14--RUA DO GENERAL CAMARA--14

Santos.

N'esta casa já bem conhecida pelas boas qualidades de mercadorias, tem sempre á venda, vinho de Bordeaux em quartolas, meias quartolas, em duzia 7,000 em garrafas a 700 rs, assim como sortimento de conservas, licores, cognac, anizethe, vermoute, azeite doce, etc' tudo de primeira qualidade e preço baratissimo. (10,4)

O proprietario

E[illegible]ard Jules

Figura 19. *Anúncio da casa Aux caves Bordelaises (*Diário de Santos*, 1883).*

Embora com nomes franceses, sabe-se que muitas dessas casas santistas que trabalhavam com bebidas importadas podiam ser de propriedade de portugueses[24]. Ainda que vendessem tanto artigos franceses como outros estrangeiros foi possível perceber pelos anúncios a oferta de produtos nacionais em meio aos importados, sendo todos valorizados pela "qualidade de primeira" e pelo "sortimento" (Figuras 19 e 20).

Os artigos voltados para o vestuário foram bastante anunciados. Eles também estavam envolvidos pelo comércio de importados. Vendidos em

24. Frutoso, *op. cit.*, p. 137.

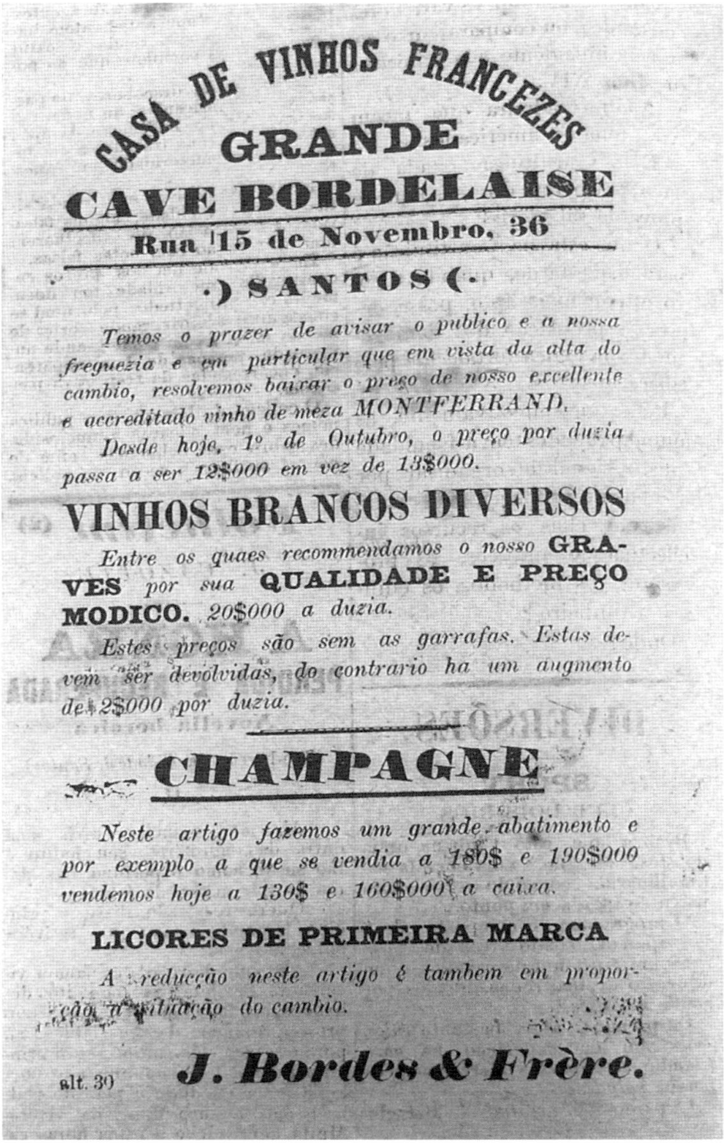

CASA DE VINHOS FRANCEZES

GRANDE

CAVE BORDELAISE

Rua 15 de Novembro, 36

·) SANTOS (·

Temos o prazer de avisar o publico e a nossa freguezia e em particular que em vista da alta do cambio, resolvemos baixar o preço de nosso excellente e accreditado vinho de meza MONTFERRAND.

Desde hoje, 1º de Outubro, o preço por duzia passa a ser 12$000 em vez de 13$000.

VINHOS BRANCOS DIVERSOS

Entre os quaes recommendamos o nosso **GRAVES** *por sua* **QUALIDADE E PREÇO MODICO.** *20$000 a duzia.*

Estes preços são sem as garrafas. Estas devem ser devolvidas, do contrario ha um augmento de 2$000 por duzia.

CHAMPAGNE

Neste artigo fazemos um grande abatimento e por exemplo a que se vendia a 180$ e 190$000 vendemos hoje a 130$ e 160$000 a caixa.

LICORES DE PRIMEIRA MARCA

A reducção neste artigo é tambem em proporção á situação do cambio.

alt. 30 **J. Bordes & Frère.**

Figura 20. *Anúncio da casa de vinhos franceses Grande Cave Bordelaise* (Cidade de Santos, *1898*).

lojas de armarinhos e fazendas, a tônica do comércio desses produtos era chamar a atenção para qualidades já mencionadas como o "grande e variado sortimento" de artigos, com "qualidade superior", "de bom gosto", pertencentes à "alta novidade", com preços "reduzidos e vantajosos". Entre eles, outros apelos mais se destacaram: artigos "muito modernos", "chiques", procedentes de países europeus, ou especificamente de Paris, fornecidos pelos "melhores fabricantes". Esses valores conferidos às mercadorias, apresentados nas mais diversas propagandas do período, buscavam despertar no público desejos e necessidades com intuito de estimular o consumo[25]. No que se refere a este tema, segundo Gilles Lipovetsky, a moda se organizava no seguinte esquema:

> [...] a Alta costura de um lado, inicialmente chamada costura, a confecção industrial de outro – tais são as duas chaves da moda de cem anos, sistema bipolar fundado sobre uma criação de luxo e sob medida, opondo-se a uma produção de massa, em série e barata, imitando de perto ou de longe os modelos prestigiosos e griffes da Alta Costura[26].

No período investigado, a moda que partia dos países exportadores desses produtos se identificava com o modo de vida burguês e com todos os objetos que o cercava[27]. Em Santos, como se pode observar, também havia um comércio disposto a alimentar estes novos consumos. As lojas de fazendas costumavam apresentar uma lista de tecidos ou de roupas prontas disponíveis, procurando sempre valorizar o "sortimento", a "superioridade" e os "padrões modernos" dos artigos. Existiram referências ao recebimento da mercadoria por vapores ingleses provenientes de Liverpool, assim como, através de viagens ao Rio de Janeiro para escolha de novo estoque. Este momento podia ser aproveitado pelo comercian-

25. Heloisa de Faria Cruz, *op. cit.*, p. 159.
26. A moda de cem anos corresponde ao período que vai da metade do século XIX até 1960, chamado por Lipovestky de primeira fase da história da moda moderna (Gilles Lipovestky, *O Império do Efêmero: A Moda e seu Destino nas Sociedades Modernas*, São Paulo, Companhia das Letras, 1989, pp. 69-70).
27. Tânia Andrade Lima, *apud* Barbuy, *op. cit.*, p. 77.

te para liquidar os produtos não vendidos até então, chamando os seus fregueses para fazerem uma visita à loja. De acordo com alguns anúncios mais detalhados, o proprietário, antes de fechar o estabelecimento e partir em viagem, que podia durar até alguns meses, tinha intenção de vender tudo pelo preço de custo a fim de amealhar dinheiro. Podiam participar dessas promoções os fregueses dispostos a pagar em dinheiro, ainda que o valor da compra fosse acertado somente no final do mês, no "sistema de contas", como anunciou a casa de fazendas e objetos de armarinho de Paula Martins & C.[28] Sobre o fato de os artigos virem da Corte, sabe-se que este também foi um dado classificatório para os comerciantes da época, como foi o caso dos que comercializavam tecidos:

As fazendas eram as principais mercadorias das antigas casas importadoras paulistas. Em vista disso, esse produto passou a classificar o tipo do comerciante, isto é, chamava-se de negociante de fazendas secas do Rio de Janeiro a um comerciante de mais gabarito que adquiria essa mercadoria no porto do Rio de Janeiro e revendia em São Paulo[29].

A forma de comerciar praticada pelos estabelecimentos santistas demonstrou seguir a mesma lógica das casas de importação, em grande maioria, não especializados em um único produto, com uma variedade exibida nos anúncios dos jornais. Os diferentes tecidos eram encontrados em meio aos produtos chamados de armarinho, perfumarias e miudezas, assim como o tipo de público a que eram destinados. Artigos para mulheres, homens e crianças podiam aparecer misturados como no anúncio de Camille Barriere da loja Notre Dame de Paris:

[...] enxovais para batizados, vestidos de lã ricamente enfeitados para meninas, ditos de fustão brancos para meninos, gorgorão de seda branca muito superior, grinaldas, véus, lenços de linho bordados por preços muito reduzidos, saias brancas

28. *Diário de Santos*, 1881.
29. Maria Lucia Viveiros Araújo, "Os Interiores Domésticos Após a Expansão da Economia Exportadora Paulista", em *Anais do Museu Paulista*, vol. 12, jan.-dez. 2004, p. 147.

bordadas para senhoras, calças e camisas bordadas para senhoras, lindo sortimento de xales de todas as qualidades, xales de renda preta lama, paletós de casimira de cor, chapéus para meninas a 4$, 5$ e 6$, ditos para Srs. a 7$, 8$, 10$, 12$ e 14$, ditos toucados a 12$ e 20$, lenços de seda muito superiores a 1$ e 3$, guardações de seda para homens e Srs., ditos de cabo de marfim, grande sortimento de franjas, enfeites, galões de seda preta e de cores, filó de seda a 1$, 1$200 e 1$500, bordado filó branco e preto de algodão 500 o côvado, *cluny* preto 640 e 800 rs. o côvado, rendas de seda e *cluny* branco e preto, flores finas a 320, 1$000 e 2$000 o ramo, luvas de pelica brancas a 2$500 o par, luvas de pelica mofadas de cor para homens e crianças a 500 o par[30].

A própria conformação das lojas tende a reforçar esse aspecto, visto que ainda eram poucas as referências à exposição, vitrines e divisão por departamentos que ajudariam na organização dos artigos colocados à venda. O ato de expor os produtos pressupunha que os objetos seriam distribuídos de modo a estimular a observação visual, valorizando a quantidade e variedade de artigos disponíveis na loja, sendo que este foi mais um dos modos de comerciar que se desenvolveram a partir do século XIX[31]. No anúncio da Casa do Eugênio foi possível identificar que ter "exposição" era uma qualidade concedida ao negócio em meio a todos os outros adjetivos comuns à época. Além disso, mesmo com o fato dos produtos serem variados, incluindo objetos de fantasia, brinquedos, leques para o chamado sexo "amável" e gravatas para os homens, as mercadorias foram transcritas de modo mais ordenado que no texto anterior. Eram sinais de mudança em relação à propaganda da Notre Dame de Paris de dez anos antes (Figura 21).

Mais tarde, no ano de 1885, esta mesma casa comercial destacou a presença de vitrines, onde seus fregueses poderiam em "um golpe de vista" conferir a variedade de artigos expostos[32]. Outra característica que se pôde depreender desse tipo de anúncio foi o interesse do comerciante em vender produtos para o Natal, Ano Bom e Reis. Schlereth, ao tratar

30. *Diário de Santos*, 1872.
31. Heloisa Barbuy, *op. cit.*, pp. 78-79.
32. *Diário de Santos*, 1885.

Figura 21. *Anúncio de A Casa do Eugênio* (Diário de Santos, *1881*).

de contextos norte-americanos, explicou que os feriados, como Natal e Páscoa, passaram a demandar diversos tipos de artigos, desde presentes até novas roupas[33].

Houve lojas que destacaram sua especialidade em produtos e fabricantes, como as que vendiam calçados. Podiam ser eles, botinas francesas de pelica e verniz para homens, botinas inglesas de sola grossa para meninos, de duraque, verniz, cone alto, pretas, coloridas ou enfeitadas para senhoras e sapatinhos franceses para crianças. Em meio aos fabricantes nacionais eram evidenciados os estrangeiros nos anúncios, em especial, os franceses e ingleses, como Huard, Bostock, e Clark. Até mesmo um classificado em inglês foi publicado no jornal da cidade, alardeando a chegada de um grande sortimento de botas e sapatos ingleses vendidos a preços fixos em uma loja situada na rua São Bento em São Paulo[34]. Já entre as casas comerciais santistas, que vendiam calçados importados, pode-se destacar a denominada Ao Cendrillon que em seus anúncios convidava o "respeitável público" de Santos a visitar o seu estabelecimento na rua Santo Antônio, 41, "por baixo do Grande Hotel da Europa", onde se poderia também comprar meias, gravatas e perfumarias francesas, guarda-chuvas e até mesmo a "última novidade" em música[35].

33. Thomas J. Schlereth, *op. cit.*, p. 149.

34. *Diário de Santos*, 1881. Outros comerciantes com endereço em São Paulo foram anunciados no mesmo ano, como o relojoeiro Maurice Grumbach e a casa de Victor Nothman onde se vendiam máquinas de costura. Em 1899, no jornal *Cidade de Santos*, a loja Japão e a Casa Garraux também fizeram sua propaganda.

35. *Idem*, 1887.

Figura 22. *Rua de Santo Antônio. Fotografia de José Marques Pereira, 1900 (Acervo da Fundação Arquivo e Memória de Santos).*

Assim como as vitrines, eram poucos os estabelecimentos em Santos que mantinham placas ou tabuletas que ostentassem seus nomes nas portas, o que tornou difícil uma possível identificação das lojas através da iconografia da época. Contudo, no caso da referida casa, pôde-se rastrear a sua localização devido à menção ao Hotel Europa (Figura 22)[36].

Na imagem acima também foi possível notar que a aparência das lojas se assemelhava em certos aspectos ao que Oliveira constatou para São Paulo da década de 1880 a respeito da pouca ornamentação exterior

36. José Marques Pereira (autor da fotografia) era português, natural da cidade do Porto, e chegou ao Brasil no ano de 1893. Sua trajetória comercial na cidade inclui uma loja de fazendas e armarinhos, chamada A Fama, na qual também se vendiam produtos importados, entre eles, tecidos finos, roupas prontas e perfumes (Mauricio Nunes Lobo, *Imagens em Circulação: Os Cartões-Postais Produzidos na Cidade de Santos pelo Fotógrafo José Marques Pereira no Início do Século* xx, Campinas, Departamento de História da Universidade Estadual de Campinas, 2004, pp. 49, 52, dissertação de mestrado).

Figura 23. *Anúncio da Casa Ypiranga (*Diário de Santos*, 1885).*

das suas lojas que, ou não apresentavam anúncio algum nas portas, ou ele era escrito rudemente nas paredes e toldos[37].

Outro comércio de importados bastante comum na época foi o de artigos para fumantes. Eles podiam estar presentes em lojas mais populares, como as de armarinhos Ao Bom e Barato e Ao Bazar da Moda, e em chamados depósitos de charutos, cigarros e fumos, como a Charutaria do Povo. A procedência dos charutos era, em geral, destacada como sendo de Havana ou Hamburgo, além dos nacionais baianos. Pertencentes a este universo estavam também piteiras, cachimbos, porta-fumos "dos mais modernos", cigarreiras de tartaruga, de couro inglês, porta-fósforos[38]. Em outros estabelecimentos que vendiam objetos mais sofisticados, como a Casa Ypiranga, cachimbos e piteiras de espuma e âmbar podiam ser expostos em meio a sachês de cetim perfumados, bengalas com cabo de ouro, estatuetas de *biscuit*, pesos para papéis em cristal, outros artigos de cristal (*Baccarat* francês e da Boemia), porcelanas e perfumarias francesas (Figura 23).

37. Maria Luiza Ferreira de Oliveira, *op. cit.*, p. 261.
38. *Diário de Santos*, 1872 e 1879.

Percebe-se que o conteúdo deste anúncio tem uma tendência a atrair um público mais refinado e masculino. Quanto a isso, Vânia Carneiro de Carvalho explicou que os objetos, em que funções utilitárias estavam mais claras, eram vistos como próprios do homem, mesmo que nos diferentes ambientes, como salas de jantar e escritórios, eles fossem aproveitados somente para decoração. A referida autora complementou que não apenas os artefatos em si, como alguns tipos de materiais dos quais eram feitos, também foram apropriados por cada gênero. Foi o caso do couro presente em cigarreiras, conforme citado, e também em outros tantos acessórios ligados ao homem, cintos, carteiras, caixas de óculos, porta-documentos, cadeiras ou poltronas de salas de fumar, de entrada e de escritórios. Esta matéria-prima utilizada comumente pelos paulistas passou a ser vista, nos Oitocentos, como indício de um passado empobrecido e ligado à vida rural, enquanto que o couro "inglês" e seus usos, transformados em símbolos de poder e riqueza[39], somaram-se aos outros bens desejados por aquele homem com melhor poder aquisitivo, entranhando no universo de modas e artigos estrangeiros que preenchiam as páginas dos jornais diários e as lojas da cidade.

O consumo de objetos domésticos também foi permeado pelo anseio de inserção social, as peças de mobiliário, contudo, não eram trocadas com tanta frequência, podendo ser transmitidas por herança ou adquiridas nos leilões de bens dos inventários *post-mortem*[40]. Ao percorrer o comércio desses produtos em Santos, além dos anúncios de algumas lojas, foi frequente a participação de artigos diversos em leilões públicos que vinham a se realizar também pela iniciativa de famílias que estavam se mudando da cidade e desejavam se desfazer dos móveis, por vezes, considerados "de gosto" e novos por terem sido pouco usados. Eram leiloados "superior" mobília austríaca ou cadeiras austríacas (também chamadas vienenses)[41], cama francesa de vinhático, cadeiras americanas, "rico" piano de Pleyel, cama francesa para casados, entre outros

39. Vânia Carneiro de Carvalho, *Gênero e Artefato: O Sistema Doméstico na Perspectiva da Cultura Material. São Paulo, 1870-1920*, São Paulo, Edusp/Fapesp, 2008, pp. 63-65.

40. Maria Lucia Viveiros Araújo, *op. cit.*, p. 140.

41. Tipo de móvel em técnica de madeira recurvada, criada na Áustria por Thonet. O termo

objetos que não se pôde precisar se vieram do estrangeiro ou se foram fabricados no Brasil.

Entre consumidores da elite, o mobiliário podia tanto ser adquirido nas viagens à Europa, de onde traziam esses artigos diretamente da Inglaterra e da França, ou de outro modo, através de encomendas feitas em lojas e com importadores, situados no Brasil. Ainda assim, era possível encontrar um marceneiro que se encarregaria de fazer as réplicas, utilizando-se ora de materiais importados ora dos nacionais[42]. Outra possibilidade para pessoas que não tinham grande poder aquisitivo era alugar os móveis ou comprá-los em depósitos onde poderiam encontrar preços mais vantajosos[43]. Este último tipo de negócio foi encontrado em um anúncio santista que também pretendia informar a clientela a respeito da transferência de posse do armazém onde se encontravam as mercadorias em liquidação (Figura 24).

Em lojas como Au Palais Royal, artigos para casa, chegados de Paris, eram anunciados para pessoas de "bom gosto", como "grandes pechinchas", entre eles, "riquíssimos" espelhos ovais com molduras de porcelana próprias para salas, espelhos pequenos de três faces "que fechados representam quadro para gabinetes"[44]. Na Casa Eugênio, citada anteriormente, poderiam ser encontrados também pequenos móveis "de luxo", "estilo Luís XVI", compondo-se de mesas para costura, leitura e jogos, *étagères,* jardineiras para flores e porta-cartões, além de almofadas, tapetes de diferentes tamanhos em pelúcia bordada e serviços de *toilette* em cristal colorido[45]. Em relação ao uso deste estilo de decoração proveniente da França, sabe-se que ele foi associado à figura feminina e aos ambientes da casa onde a mulher tinha maior participação, como as salas de visita em que se desejava evocar o luxo, requinte e pompa. Já os estilos ingleses eram voltados para os homens e para seus espaços,

"austríaco" ou "vienense" passou a designar, de modo geral, esse tipo de mobiliário, não necessariamente fabricado na Áustria.

42. Vânia Carneiro de Carvalho, *op. cit.*, p. 127.

43. Maria Luiza Ferreira de Oliveira, *op. cit.*, p. 291.

44. *Diário de Santos*, 1881.

45. *Idem*, 1885.

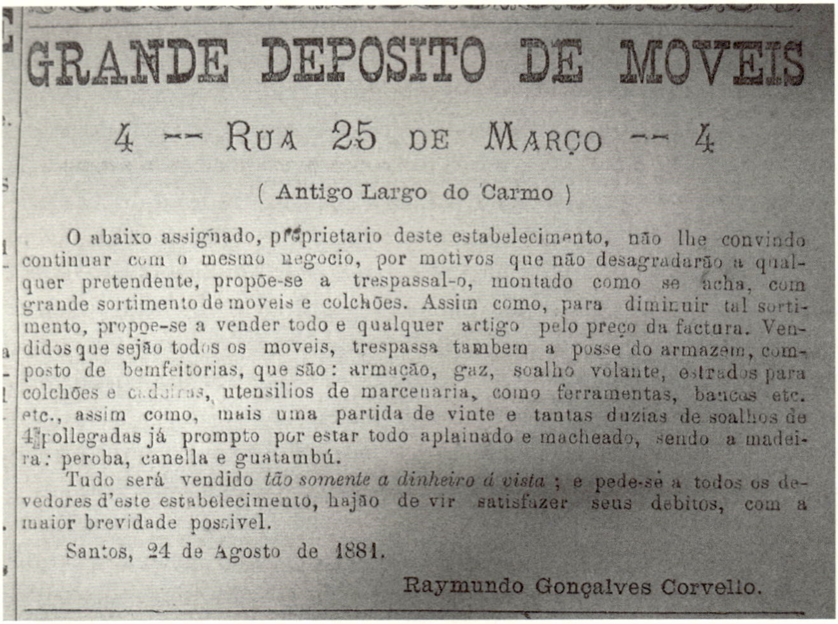

GRANDE DEPOSITO DE MOVEIS

4 -- RUA 25 DE MARÇO -- 4

(Antigo Largo do Carmo)

O abaixo assignado, proprietario deste estabelecimento, não lhe convindo continuar com o mesmo negocio, por motivos que não desagradarão a qualquer pretendente, propõe-se a trespassal-o, montado como se acha, com grande sortimento de moveis e colchões. Assim como, para diminuir tal sortimento, propoe-se a vender todo e qualquer artigo pelo preço da factura. Vendidos que sejão todos os moveis, trespassa tambem a posse do armazem, composto de bemfeitorias, que são: armação, gaz, soalho volante, estrados para colchões e cadeiras, utensilios de marcenaria, como ferramentas, bancas etc. etc., assim como, mais uma partida de vinte e tantas duzias de soalhos de 4 pollegadas já prompto por estar todo aplainado e macheado, sendo a madeira: peroba, canella e guatambú.

Tudo será vendido *tão somente a dinheiro á vista*; e pede-se a todos os devedores d'este estabelecimento, hajão de vir satisfazer seus debitos, com a maior brevidade possivel.

Santos, 24 de Agosto de 1881.

Raymundo Gonçalves Corvello.

FIGURA 24. *Anúncio de depósito de móveis* (Diário de Santos, *1881*).

como a sala de jantar e escritório, onde o mobiliário se destacava em seus aspectos mais simples e práticos[46]. Entre os produtos destinados ao acabamento das edificações, estavam anúncios de mármores artificiais, ladrilhos para assoalhos de manufatura nacional e estrangeira, telhas italianas e francesas. Para estimular o consumo desses produtos, a publicidade chamava a atenção para a "salubridade", "luxo" e "economia".

Na década de 90 do século XIX alguns artigos vindos da Europa eram anunciados por casas que pareciam estar procurando valorizar certa especialização de produtos, inclusive, a partir da escolha do nome fantasia, como a Au Baccarat (referência ao famoso fabricante de objetos de cristal), em cujo anúncio destacou a sua fundação, no ano de 1892,

46. Vânia Carneiro de Carvalho, *op. cit.*, pp. 126-127.

quando começou a atuar no mercado de lampiões, louças, vidros, cristais e porcelanas[47].

* * *

Assim, uma grande variedade de objetos que entrava pelo Porto de Santos ficava ali mesmo na cidade, em suas lojas. Os escritórios e armazéns dos importadores situados, por vezes, tão próximos aos comerciantes locais, não podiam deixar de atender ao próprio comércio que se desenvolvia ao seu redor. A propaganda nos jornais tinha a intenção de promover esses artigos vindos de fora e provocar no público a vontade de consumir mais, pois, ao adquiri-los, o indivíduo se sentiria engrenado na moda vigente, que partia dos países industrializados e desenvolvidos. A característica principal deste comércio santista foi vender muito e barato. Na tentativa de tornar possível o consumo dos diversos artigos, entre eles, os importados, os comerciantes ofereciam à sua clientela, a "novidade", o "moderno", o "elegante", por preços moderados. Ao mesmo tempo, os indícios de mudanças foram evidentes. No início, diferentes produtos eram anunciados juntos, um reflexo da própria conformação da loja, com o passar dos anos, a "exposição" começou a ser valorizada, junto com a observação da mercadoria, apresentada de forma mais organizada e, aquilo que agradava aos olhos, podia também agradar ao bolso. As palavras em outros idiomas usadas em nomes de lojas e as referências ao estrangeiro nas mensagens destinadas ao consumidor revelaram que os negociantes da cidade buscavam estar afinados com as formas de comerciar em voga, também em outros lugares, como São Paulo. No decorrer de um processo que criava condições favoráveis para a presença física do objeto importado, o seu consumo ia promovendo mudanças nos hábitos do comer, do vestir, do decorar[48]. Uma situação

47. *Cidade de Santos*, 1899.
48. Tania Andrade Lima, "Cultura Material, Hibridação e Dominação Planetária: A Globalização nos Museus Históricos", em *Como Organizar um Mundo Multipolarizado? Anais do 7º Colóquio da Associação Internacional de Museus de História*, Paris/São Paulo, Association Internationale des Musées d'Histoire/Museu Paulista da Universidade de São Paulo, 2007, pp. 18-26.

econômica e social específica se desenvolvia junto à introjeção de um ideal de vida burguês que, enquanto desdenhava os padrões, modos de vida e valores que haviam vigorado até ali, promovendo uma ruptura das tradições, buscava novos referenciais para se espelhar.

Agradecimentos

Agradeço, especialmente, à professora Heloisa Barbuy, cuja orientação cuidadosa foi importante para a realização da dissertação de mestrado, que deu origem a este livro.

Agradeço às professoras Eni de Mesquita Samara (*in memoriam*), Esmeralda Blanco Bolsonaro de Moura e Marisa Midori Deaecto pelas contribuições enriquecedoras nas bancas de qualificação e defesa.

Agradeço à Fapesp pela concessão da bolsa de mestrado, sem a qual não seria possível realizar a dissertação.

Agradeço aos funcionários do Arquivo do Estado de São Paulo, Associação Comercial de Santos, Faculdade de Direito da USP, Fundação Arquivo e Memória de Santos, Hemeroteca Municipal de Santos, Instituto de Estudos Brasileiros da USP, Instituto Moreira Salles, Museu Paulista e Sociedade Humanitária dos empregados no comércio da cidade de Santos, por me fornecerem os materiais necessários para pesquisa.

E agradeço à Fapesp e ao Museu do Café pelo apoio à publicação deste trabalho.

Fontes

Almanaques

Almanak Administrativo, Mercantil e Industrial da Província de São Paulo para o Anno de 1858. Organizado e redigido por Marques & Irmão. São Paulo, Typographia Imparcial, 1857.

Almanak da Cidade de Santos de 1871. Organizado e publicado por Antônio Martins Fontes e Francisco Alves da Silva. Santos, Typographia Commercial, 1871.

Almanak da Província de São Paulo para 1873. Organizado e publicado por Antônio José Baptista de Luné e Paulo Delfino da Fonseca. São Paulo, Typographia Americana, 1873 (edição fac-similar: Arquivo do Estado de São Paulo/Imprensa Oficial do Estado, 1985).

Almanach Administrativo, Commercial e Industrial da Província de São Paulo para o Anno Bissexto de 1884. Organizado por Francisco Ignacio Xavier de Assis Moura. II anno. São Paulo, editores proprietários Jorge Seckler & Cia., 1883.

Almanach Administrativo, Industrial e Commercial da Província de São Paulo para 1887. Fundado e organizado por Jorge Seckler. São Paulo, Jorge Seckler, 1887.

Almanach do Estado de São Paulo para 1890. Organizado por Jorge Seckler. São Paulo, Jorge Seckler, 1890.

Completo Almanak Administrativo, Commercial e Profissional do Estado de São Paulo para 1895. Reorganizado por Canuto Thorman. São Paulo, Companhia Industrial de São Paulo, 1895.

Guia Geral do Comércio de Santos. Proprietário e organizador Augusto da Cruz Maia. Anno Segundo. São Paulo, Typographia da Indústria de São Paulo, 1895.

Indicador Santista. Propriedade de Adaucto Lima. Organizado por Adaucto Lima, Vicente de Carvalho e Moraes Junior. 4°. Anno. Santos, Typographia a vapor do Diário de Santos, 1887.

Documentos diplomáticos

Archives du Ministère des Affairs Etranjères. Mission dans l'Amérique du Sud. Direction des Consulats et des affairs commerciales- sous direction des affairs commerciales n. 137. Notes sur la colonne française à Saint Paul. Saint Paul , le 11 mars 1896 *apud* Barbuy, Heloisa. Notas de pesquisa de pós-doutorado, out.--nov., 2005 (manuscrito).

Archives nationales/Consulat de France à São Paulo/Etat de São Paulo/Etat de Paraná, Sta Catarina et Rio Grande do Sul. Direction des Consulats et des affairs commerciales/sous-direction commerciale/n. 103. Renseignement sur le commerce de grès vernissés, et Industrie de la Ceramique à S. Paul. Saint Paul, le 1er de novembre, 1897 *apud* Barbuy, Heloisa. Notas de pesquisa de pós-doutorado, out.-nov., 2005 (manuscrito).

Iconografia

Cáes de Santos. Planta demonstrativa do estado das obras em 31.12.1895. Imprensa Nacional, 1895. Arquivo Aguirra. Acervo do Museu Paulista da usp. Créditos fotográficos: José Rosael/Hélio Nobre.

Ferrez, Marc. *Porto de Santos – Cais do Consulado, 1880*. Coleção Gilberto Ferrez. Acervo Instituto Moreira Salles.

______. *Porto de Santos – Cais do Valongo, Embarque de Café, 1889*. Coleção Gilberto Ferrez. Acervo Instituto Moreira Salles.

Martin, Jules. *Mapa da Cidade de Santos e S. Vicente, seus Edifícios Públicos, Hotéis, Linhas Férreas, Linhas de Bondes, Igrejas, Passeios etc*. Publicado por Jules Martin, 1878. Arquivo Aguirra. Acervo do Museu Paulista da usp. Créditos fotográficos: José Rosael/Hélio Nobre.

Pereira, José Marques. *Casarões do Largo Marquês de Monte Alegre*, 1900. Acervo da Fundação Arquivo e Memória de Santos.

______. *Rua de Santo Antônio*, 1900. Acervo da Fundação Arquivo e Memória de Santos.

Jornais

A Tribuna, 1904.

Boletim da Associação Comercial de Santos, 1908-1909.

Cidade de Santos, anos de 1898-1900.

Diário de Santos, anos de 1872-1873, 1879-1887.

O Comércio de São Paulo, 1904.

Legislação de Santos

Código de Posturas da cidade de Santos, 1883.

Livros de registros das Atas das Sessões da Câmara Municipal de Santos
Atas das Sessões, 1869-1899.

Manuais de comércio
Borges, Bernardino José. *O Commerciante ou Completo Manual Instructivo*. Rio de Janeiro, Eduardo & Henrique Laemmert, 1878.
Carvalho, Veridiano. *Manual Mercantil: Encyclopedia Elementar do Commercio Brazileiro*. Rio de Janeiro, Companhia Tipografica do Brasil, 1900.
Pedro, Belmiro. *O Que Todo Commerciante Deve Saber*. Rio de Janeiro, F. Briguiet, [19-?].

Obras de propaganda
Álbum São Paulo Moderno. 1° volume. Empreza Editora, 1919.
Lloyd, Reginald (dir.). *Impressões do Brasil no Século XX: Sua História, seo Povo, Commercio, Industrias e Recursos*. Londres, Lloyd's Greater Britain Publishing Company, 1913.
Martin, Jules. *Revista Industrial: Brazil, Estado de São Paulo em Paris. Exposição de 1900*. São Paulo, 1900.
Société de Publicité Sud-américaine Monte-Domecq. *O Estado de São Paulo*. Barcelona, Estabelecimento Graphico Thomas, 1918.

Referência em meio eletrônico
Artigo 2° da Constituição de 1891. Disponível em: <http:// www.planalto.gov.br/ccivil_03/constituicao/constituicao91.htm>. Acesso em: 8 de jul. 2015.
Artigo 13 da Constituição de 1891. Disponível em: <http://www.planalto.gov.br/ccivil_03/constituicao/constituicao91.htm>. Acesso em: 8 de jul. 2015.
Fundo Câmara Municipal de Santos. Disponível em: <http://www.fundasantos.org.br/page.php?90>. Acesso em: 3 de set. 2015.

Bibliografia

Andrade, Wilma Theresinha F. de. *O Discurso do Progresso: A Evolução Urbana de Santos 1870-1930*. Departamento de História da Faculdade de Filosofia, Letras e Ciências Humanas da Universidade de São Paulo. São Paulo, 1989. Tese de doutoramento.

Araújo, Maria Lucia Viveiros. "Os Interiores Domésticos Após a Expansão da Economia Exportadora Paulista". In: *Anais do Museu Paulista*, vol. 12, jan.-dez. 2004, pp. 129-160.

Araújo Filho, José Ribeiro de. *A Baixada Santista: Aspectos Geográficos – Santos e as Cidades Balneárias*. Vol. 3. São Paulo, Edusp, 1965.

Barbosa, Gino Caldatto (org.). *Santos e seus Arrabaldes: Álbum de Militão Augusto de Azevedo*. São Paulo, Magma Cultural, 2004.

Barbosa, Gino Caldatto & Medeiros, Marjorie de Carvalho de. *Marc Ferrez. Santos Panorâmico*. São Paulo, Magma Cultural, 2007.

Barbuy, Heloisa. *A Cidade-Exposição. Comércio e Cosmopolitismo em São Paulo, 1860-1914*. São Paulo, Edusp, 2006.

______. *A Exposição Universal de 1889 em Paris. Visão e Representação na Sociedade Industrial*. São Paulo, Loyola, 1999 (Série Teses).

______. *Relatório para a Fapesp, Referente a Programa de Pós-doutorado Junto à Université de Paris*, Centre André Chastel, out.-dez. 2005.

Bauer, Arnold J. *Goods, Power and History: Latin America's Material Culture*. Cambridge, Cambridge University Press, 2001.

Bivar, Vanessa dos Santos Bondstein. *Vivre à St. Paul. Os Imigrantes Franceses na São Paulo Oitocentista*. Departamento de História da Faculdade de Filosofia, Letras e Ciências Humanas da Universidade de São Paulo, São Paulo, 2007. Tese de doutoramento.

Bronner, Simon J. *Consuming Visions: Accumulation and Display of Goods in America, 1880-1920*. New York/London, W. W. Norton, 1989.

Camargo, Ana Maria. *Os Primeiros Almanaques de São Paulo*. São Paulo, Imesp/Daesp, 1983.

Carvalho, Vânia Carneiro de. *Gênero e Artefato: O Sistema Doméstico na Perspectiva da Cultura Material, 1870-1920*. São Paulo, Edusp/Fapesp, 2008.

Cruz, Heloisa de Faria. *São Paulo em Papel e Tinta: Periodismo e Vida Urbana, 1890-1915*. São Paulo, Educ/Fapesp/Arquivo de Estado de São Paulo/Imprensa Oficial, 2000.

Deaecto, Marisa Midori. *Comércio e Vida Urbana na Cidade de São Paulo (1889--1930)*. São Paulo, Senac São Paulo, 2002.

Dean, Warren. *A Industrialização de São Paulo (1880-1945)*. 4ª ed. São Paulo, Difel, 1991.

Frutoso, Maria Suzel Gil. *A Imigração Portuguesa e sua Influência no Brasil: O Caso de Santos (1850-1950)*. Departamento de História da Faculdade de Filosofia, Letras e Ciências Humanas da Universidade de São Paulo, São Paulo, 1989. Dissertação de mestrado.

Ginzburg, Carlo. *A Micro-história e Outros Ensaios*. Rio de Janeiro, Bertrand Brasil, 1989.

Githay, Maria Lúcia C. *Ventos do Mar: Trabalhadores do Porto, Movimentos Urbanos em Santos (1889-1914)*. São Paulo, Unesp/Prefeitura Municipal de Santos, 1992.

Graham, Richard. *Grã-Bretanha e o Início da Modernização no Brasil, 1850-1914*. São Paulo, Brasiliense, 1973.

Hobsbawn, Eric. *A Era dos Impérios 1875-1914*. Rio de Janeiro, Paz e Terra, 1998.

Lanna, Ana Lucia Duarte. *Uma Cidade na Transição: Santos (1870-1913)*. São Paulo/Santos, Hucitec/Prefeitura Municipal de Santos, 1996.

Lichti, Fernando Martins. *Polianteia Santista*. Vol. 3. São Vicente, Caudex, 1986.

Lima, Tânia Andrade. "Cultura Material, Hibridação e Dominação Planetária: A Globalização nos Museus Históricos". In: *Como Organizar um Mundo Multipolarizado? Anais do 7º Colóquio da Associação Internacional de Museus de História*. Paris/São Paulo, Association Internationale des Musées d'Histoire/Museu Paulista da Universidade de São Paulo, 2007, pp. 18-26.

_____. "Pratos e Mais Pratos: Louças Domésticas, Divisões Culturais e Limites Sociais no Rio de Janeiro, Século xix". In: *Anais do Museu Paulista: História e Cultura Material*. São Paulo, Museu Paulista da usp, jan./dez., nova série, vol. 3, 1995, pp. 129-191.

Lipovestky, Gilles. *O Império do Efêmero. A Moda e seu Destino nas Sociedades Modernas*. São Paulo, Companhia das Letras, 1989.

Lobo, Maurício Nunes. *Imagens em Circulação: Os Cartões-postais Produzidos na Cidade de Santos pelo Fotógrafo José Marques Pereira no Início do Século* xx. Departamento de História da Universidade Estadual de Campinas, Campinas, 2004. Dissertação de mestrado.

Luz, Nícia Vilela. *A Luta pela Industrialização do Brasil, 1808 a 1930*. São Paulo, Difusão Europeia do Livro, 1961.

Malerbi, Eneida Maria Cherino. *Relações Comerciais Entre Brasil e França, 1815--1849*. Departamento de História da Faculdade de Filosofia, Letras e Ciências Humanas da Universidade de São Paulo, São Paulo, 1993. Dissertação de mestrado.

Marques Jr., Arnaldo. *Campo, Parque, Jardim – Transformações do Espaço Público Urbano: A Praça Visconde de Mauá em Santos, 1740-1940*. Departamento de História da Faculdade de Filosofia, Letras e Ciências Humanas da Universidade de São Paulo, São Paulo, 2006. Dissertação de mestrado.

Martins, Ana Luiza. *Revistas em Revista: Imprensa e Práticas Culturais em Tempos de República (1890-1922)*. São Paulo, Edusp, 2001.

Mello, Zélia Cardoso de. *Metamorfoses da Riqueza. São Paulo, 1845-1895. Contribuição ao Estudo da Passagem da Economia Mercantil-escravista à Economia Exportadora Capitalista*. São Paulo, Hucitec, 1990.

Meneses, Ulpiano T. Bezerra de. *Plano Diretor*. São Paulo, Museu Paulista da usp, 1990. 8 pp. Datilografado.

Moraes, Maria Luiza de Paiva Melo. *Atuação da Firma Theodor Wille & Cia. no Mercado Cafeeiro do Brasil, 1844-1918*. Departamento de História da Faculdade de Filosofia, Letras e Ciências Humanas da Universidade de São Paulo, São Paulo, 1988. Tese de doutoramento.

Oliveira, Maria Luiza Ferreira de. *Entre a Casa e o Armazém: Relações Sociais e Experiência da Urbanização 1850-1900*. São Paulo, Alameda, 2005.

Pereira, Maria Aparecida Franco. *O Comissário de Café no Porto de Santos (1870--1920)*. Departamento de História da Faculdade de Filosofia, Letras e Ciências Humanas da Universidade de São Paulo, São Paulo, 1980. Dissertação de mestrado.

Pereira, Maria Aparecido Franco (org.). *Santos: Café e História*. Santos, Leopoldianum/Unisantos, 1995.

Prado Jr., Caio. *Evolução Política do Brasil e Outros Estudos*. 7ª ed. São Paulo, Brasiliense, 1971.

Prado, Maria Ligia & Luizetto, Maria Cristina. "Contribuição para o Estudo do Comércio de Cabotagem no Brasil, 1808-1822". In: *Anais do Museu Paulista*, n. 30, 1980/1981, pp. 159-196.

ROCHE, Daniel. *História das Coisas Banais: Nascimento do Consumo nas Sociedades do Século XVII ao XIX*. Rio de Janeiro, Rocco, 2000.

_____. *A Cultura das Aparências. Uma História da Indumentária (Séculos XVII-XVIII)*. São Paulo, Senac, 2007.

RODRIGUES, Olao. *Cartilha da História de Santos*. Santos, Prefeitura Municipal de Santos, 1980.

_____. *História da Imprensa de Santos*. Santos, Gráfica A Tribuna, 1979.

_____. *Veja Santos*. "Nos Tempos de Nossos Avós (Santos de Ontem)". Santos, A Tribuna-Jornal, 1976.

ROSSINI, José Carlos. *Rota de Ouro e Prata*. São Paulo, GPO Produções, 1995.

SALES, Pedro Manuel Rivaben de Santos. *A Relação Entre o Porto e a Cidade e sua (Re)valorização no Território Macrometropolitano de São Paulo*. Faculdade de Arquitetura e Urbanismo da Universidade de São Paulo, São Paulo, 1999. Tese de doutoramento.

SANTOS, Francisco Martins dos. *História de Santos*. Vols. 1 e 2. São Vicente, Caudex, 1986 (1ª ed. 1937).

SCHLERETH, Thomas J. *Victorian America. Transformations in Everyday Life, 1876-1915*. Longman, 1992.

SERRANO, Fabio. "Aspectos da Arquitetura em Santos no Ciclo do Café". In: PEREIRA, Maria Aparecida Franco (org.). *Santos: Café e História*. Santos, Leopoldianum/Unisantos, 1995, pp. 107-119.

SINGER, Paul. *Desenvolvimento Econômico e Evolução Urbana*. São Paulo, Nacional/Edusp, 1968.

SIRIANI, Silvia Cristina Lambert. *Uma São Paulo Alemã: Vida Cotidiana dos Imigrantes Germânicos na Região da Capital (1827-1889)*. São Paulo, Arquivo do Estado/Imprensa Oficial do Estado, 2003.

SOBRINHO, Costa e Silva. *Santos Noutros Tempos*. São Paulo, Empresa Gráfica da Revista dos Tribunais, 1953.

_____. *Romanagem pela Terra dos Andradas*. São Paulo, Empresa Gráfica da Revista dos Tribunais, 1957.

SUTHERLAND, Daniel E. *The Expansion of Everyday Life, 1860-1876*. Fayetteville, The University of Arkansas Press, 2000.

VIDAL, Laurent & LUCA, Tânia Regina de (orgs.). *Franceses no Brasil: Século XIX-XX*. São Paulo, Unesp, 2009.

TÍTULO	*Casas Importadoras de Santos e seus Agentes*
AUTORA	Carina Marcondes Ferreira Pedro
EDITOR	Plinio Martins Filho
PRODUÇÃO EDITORIAL	Aline Sato
REVISÃO DE PROVAS	Ateliê Editorial
DESIGN E DIAGRAMAÇÃO	Negrito Produção Editorial
FOTO DA CAPA	*Porto de Santos, Cais do Consulado, 1880.* Marc Ferrez. Coleção Gilberto Ferrez. Acervo Instituto Moreira Salles.
FORMATO	15 x 22 cm
TIPOLOGIA	Granjon
NÚMERO DE PÁGINAS	144
PAPEL	Chambril Avena 80 g/m² (miolo) Cartão Supremo 250 g/m² (capa)
CTP, IMPRESSÃO E ACABAMENTO	Bartira Gráfica